男孩,你要学会爱护生命
男孩,你要懂得保护自己

——男孩,你的人身安全比什么都重要

向 阳◎著

网络诱惑

黑车失联

毒品危害

烟酒危害

离家出走

航空工业出版社
·北京·

内 容 提 要

近年来，发生在男孩身上的安全事件触目惊心，男孩的人身安全问题引起全社会的重视。本书通过大量真实的案例，分别从自我保护、校园生活、早恋与性、社会交往、网络陷阱、如何和陌生人打交道、自我防卫技巧、珍爱生命等多个方面进行深入剖析，并提出了具体的保护措施和自救方法，以期让男孩的人生远离伤害，远离危险，少一些遗憾，多一些快乐。同时告诉男孩，生命是一次单程的旅行，任何人的生命都不可能重来，因此要认识到生命的可贵，懂得尊重生命、敬畏生命、珍惜生命。

图书在版编目（CIP）数据

男孩，你要学会爱护生命　男孩，你要懂得保护自己 /
向阳著 . — 北京：航空工业出版社，2021.8

ISBN 978-7-5165-2563-0

Ⅰ . ①男… Ⅱ . ①向… Ⅲ . ①安全教育—青少年读物
Ⅳ . ① X956-49

中国版本图书馆 CIP 数据核字（2021）第 097203 号

男孩，你要学会爱护生命　男孩，你要懂得保护自己
Nanhai，Ni Yao Xuehui Aihu Shengming　Nanhai，Ni Yao Dongde Baohu Ziji

航空工业出版社出版发行
（北京市朝阳区京顺路 5 号曙光大厦 C 座四层　100028）
发行部电话：010-85672688　010-85672689

三河市双升印务有限公司印刷	全国各地新华书店经售
2021 年 8 月第 1 版	2021 年 8 月第 1 次印刷
开本：710×1000　1/16	字数：182 千字
印张：13.25	定价：42.80 元

前言

很多男孩可能都有这样的体验，当自己在生活中一旦表现出脆弱或者懦弱的一面时，就会被父母狠狠地呵斥一句："你这样一点儿都不像个小男子汉！"在父母们心目中，男子汉要具备勇敢、坚强、独立、自信等品格，遇到危险要迎难而上，能够保护自己和他人。

遗憾的是，正是在"小男子汉"标签的"绑架"下，有很多男孩父母的养育方式过于粗放，忽视了一些重要的问题，比如："男孩会遇到哪些危险？""男孩受到伤害时该怎么办？""男孩应该如何更好地保护自己？"等等。

男孩，这些问题是你们在成长过程中需要了解的。在实际生活中，与女孩相比，你们的成长过程更加险象环生。这是因为，你们在身心发育规律影响下，大都比较淘气、好动，喜欢冒险和探索。当你们进行各项活动时，有时会让自己置身于各种危险之中，让身体遭受伤害。比如，擦伤、摔伤、烫伤、溺水、从高处坠落、车祸……

当与人发生纠纷时，你们似乎更喜欢动用武力来解决，轻则鼻青脸肿，重则发生流血事件。你们大多性格大大咧咧，容易冲动，因而在面对诱骗

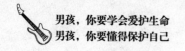

时，有时更容易轻信他人。还有更严重的"性侵害"，也绝非只有女孩才会遭遇，坏人也会向男孩伸出魔爪。

男孩，如果你拥有智慧，能够看破迷网，世界就不会威胁重重。如果你能学会冷静处事，认清是非，就是拿起了最有力的盾牌。

男孩，"男子汉"并非一天速成的，你不必着急。要想起航去更远的地方，便要拥有强大的自我安全意识和完备的自我保护技能。这样，你才能成长为父母眼里真正的"男子汉"。

男孩，阅读本书你将收获：

◎**冒险不等于逞强**。喜欢冒险固然是男孩身上一个值得称道的优点，但这并不意味着男孩就可以"不惧千难万险"，拿自己的生命安全当筹码。男孩，你在进行探秘或探险前，一定要事先了解其风险，不要盲目自信，绝对不可以在没有任何培训和保护的情况下贸然犯险。

◎**对任何暴力事件说"No"**。发生校园霸凌或者其他身体侵害事件时，一味妥协退让并不是明智之举，那样只会让对方认为你软弱可欺，从而变本加厉地欺负你。在势均力敌的情况下，男孩可以进行适当反击，更好地保护自己。但如果对方身强力壮或人多势众，你一定要记得"好汉不吃眼前亏"，想办法把伤害程度降到最低，并及时寻求外界帮助。

◎**和女孩一样，男孩也是性侵的受害群体**。作为男孩，你一定要掌握必要的自我保护常识，不论是谁，哪怕他是你生活中非常和气的长辈、老师，只要他向你做出不当的身体接触，或带你观看一些"不可描述"的视频或图片，你都要马上警觉并拒绝。

◎**谨防网络上当受骗**。在网络世界里，网恋是一个绕不开的话题，很多男孩都喜欢在网络上结识朋友、发展恋情。殊不知，在美好的"网恋"之下，埋藏着很多"温柔陷阱"，男孩稍有不慎，就有可能被对方的清纯外表或甜言蜜语迷惑，心甘情愿把自己的钱物"送"给对方。因此，网络交友一定要慎之又慎。

◎**警惕一些人打着"寻求帮助"的幌子，利用你的善良来欺骗你。**比如，马路上走来一个陌生人，说自己没钱回家，想问你借一些零用钱；或者有人不认识路，想请你带一段路……遇到这类情况，男孩要坚决告诉对方，自己是小孩子，帮不了忙。除了提防陌生人，男孩在交友时也应保持必要的警惕心理，远离有吸烟、饮酒、黄赌毒等不良嗜好的同伴。

◎**"男儿有泪不轻弹"，并不总是真理。**作为男孩，同样有卸下"坚强"的自由和权利。遇到排解不了的心理困扰时，男孩千万不要把这些不良情绪放在心里，而应及时与父母沟通，必要时可由父母带着你去看心理医生，否则任由这些负面情绪郁结在心，很容易对身心的健康发展造成更大的伤害。

男孩，请谨记，你的人身安全比什么都重要。任何时候，你的平安健康都是父母最大的心愿，在这方面，天下父母的心愿都是相同的。希望通过本书，你们能够全面了解身边的一些潜在危险因素，并学会有效地保护自己不受伤害，或少受伤害，让自己健康平安地长大。

Contents
目录

第一章　男孩，你的人身安全比什么都重要

生命是绚丽多彩的，也是脆弱不堪的。它就像天空中的小鸟，可能在你抬头或眨眼的一瞬间，就消失得无影无踪。世界并没有你想象得那么完美，它随时可能会给你带来伤害。所以，男孩，无论你身处何地，都应该谨记：你的人身安全比什么都重要。因为只有生命跳动，才能有熠熠生辉的希望！

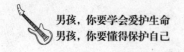

第二章　保护好自己，校园生活才能更美好

男孩，校园是你学习的主要场所，是你的另一个"家"，也是一个小小的社会。在这个小社会里，不光有知识、友谊、快乐和阳光，也会出现一些不和谐的音符，甚至会有一些潜在的危险。因此，你要增强自我保护意识，学会一些自我保护的方法，这样才能够安然享受舒心的校园生活。

第三章　社会比你想的要复杂，千万不要迷失自己

男孩，相对于校园生活的单纯而美好，校园之外的社会就不同了，它比校园要复杂得多，而且充满了各种诱惑。可是，你总不能天天埋头于校园里读书，而不接触社会吧？那么，面对社会生活，有哪些问题需要注意呢？吸烟、喝酒、赌博这些恶习你一定不要沾染，黑车、黑摩的尽量不要坐，远离酒吧、娱乐场所等是非之地，当心各种骗局……

第四章　对待陌生人，你不能太单纯

男孩，你知道吗？多年前有一部热播电视剧《不要和陌生人说话》，这个剧目深入人心。为什么不要和陌生人说话呢？因为相对于熟人而言，陌生人充满了很多未知和不确定性，存在更多的潜在危险。所以面对陌生人时你一定要小心、谨慎，不能太单纯。比如，谨慎对待陌生人的来电，陌生人问路要警惕，不要轻易送陌生人回家，等等。

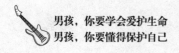
第五章　提高警惕，当心各种网络陷阱

> 如今网络的普及率非常高，很多人家里都有电脑，手机更是人手一部。"网虫"越来越多，上网不是成年人的专属，不少孩子也加入了"网虫"行列。然而，虚拟的网络世界鱼龙混杂，骗子的招法更是五花八门，涉世未深的青少年要提高警惕，小心为妙。你要避免掉入各种网络陷阱，给自己的生命和财产造成损害。

第六章　早恋和性，不要试着尝禁果

> 男孩，性和爱情一样是人类永恒的主题，且主宰着人类的繁衍生息，它对于像你这样不了解它的人来说充满了神秘感和诱惑力。如果说青春期的爱情像一枚青苹果，那么青春期的性更像是一枚禁果，它是苦涩的，甚至是有毒的，偷吃可能会遭受惩罚。因此，你现在一定要学会抵制诱惑，将精力放在学习上。

第七章　意外伤害，男孩比女孩更容易受伤

意外无处不在，有人说"谁也不知道明天和意外哪个先到来"，对于好奇心和冒险心强的男孩来说更是如此。因此，相对于温顺乖巧的女孩，男孩更容易受到意外伤害。所以，男孩学会预防意外伤害是非常重要的自我保护措施。

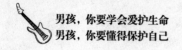
第八章　内心强大，是男孩最好的防卫武器

面对危险、伤害或生活中的各种困难和挫折时，每个男孩其实都有自我保护的强大武器，这个武器就是强大的内心。拥有强大的内心，才能在危险、伤害、困难和挫折面前不畏惧、不丧气、不放弃，才能心态从容，保持沉稳笃定，想办法去化解危险、克服困难和战胜挫折。

第九章　任何时候生命都是最宝贵的

人生最宝贵的东西是什么？是生命，因为有生命才有希望，有生命一切才有可能。对于任何一个人来说都是如此。因此，男孩要认识到生命的可贵，在尊重自己生命、珍惜自己生命、爱护自己生命的同时，也要尊重他人的生命。

第一章

男孩，你的人身安全
比什么都重要

生命是绚丽多彩的，也是脆弱不堪的。它就像天空中的小鸟，可能在你抬头或眨眼的一瞬间，就消失得无影无踪。世界并没有你想象得那么完美，它随时可能会给你带来伤害。所以，男孩，无论你身处何地，都应该谨记：你的人身安全比什么都重要。因为只有生命跳动，才能有熠熠生辉的希望！

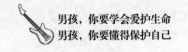

男孩面临的危险，可能超过我们的想象

在很多人的印象里，女孩是我们社会中的弱势群体。各类案件报道中，受害者以女性居多，尤其是年幼、年轻女孩。所以很多家有女孩的家长表示：现在养个女孩真是太操心了。相比较而言，家长们似乎不那么担心男孩的人身安全，男孩自己也不重视。但事实上，男孩的人身安全真的那么令人放心吗？我们不妨先看个案例：

9岁的亮亮是老师眼中的好学生，父母眼中的好孩子，不仅学习成绩好，还很懂事。由于父母平时工作比较忙，他们就把亮亮放到同小区的一个辅导班里，而且他们认识辅导班的老师，把亮亮交给他也比较放心。每天放学后，亮亮就去辅导班做作业，妈妈下班后再来接他回家。

可是，一段时间后，活泼开朗的亮亮变得有些沉默寡言。妈妈觉察到亮亮的异常，问他发生了什么，但亮亮闭口不言。起初妈妈以为亮亮是学习压力大，后来有一次，妈妈下班去接亮亮时，走到辅导班教室门口，听到了亮亮的哭声。妈妈赶紧走进一看，才发现那名老师在摸亮亮的隐私部位。此时妈妈才明白，亮亮之所以变得沉默寡言，是因为受到了老师的侵害。

近年来，男孩被伤害、被猥亵、被性侵的案件屡屡发生，这说明男孩的人身安全问题也日趋严重。事实上，有数据显示，近年来男童遭受性侵害的比例比女童还要高。为什么？因为相对于女孩，男孩缺乏自我保护意识，且在被猥亵、性侵时意识不到自己受到了伤害，或这种意识不强。

例如，炎热的夏季，作为男孩的你，是否经常裸露上身？可能父母也认为，男孩光膀子没什么大不了的。但是，如果长时间这样下去，可能会让你产生一种"暴露身体很正常，根本不需要保护"的错误认识。再加上有些家长认为，性侵害、猥亵都是发生在异性之间，且多数发生在女孩身上，从而很少教男孩保护自己的隐私部位，导致了男孩在这方面缺少自我保护意识。

除了容易成为性侵害的受害者，男孩还容易成为意外伤害、诈骗的受害者。

一是因为男孩的冒险心理更强，喜欢寻求刺激和挑战，相对而言受到意外伤害的可能性更大。比如，男孩喜欢爬上爬下，喜欢蹦蹦跳跳，喜欢你追我赶，一不小心就可能意外受伤。当然，这也与父母对男孩的期望有关，从古至今，父母就希望男孩拥有勇敢、独立的品格和敢于冒险的精神，有些父母甚至会有意将男孩放到一个陌生的环境中，以此来培养男孩的独立性。

二是因为男孩一般不拘小节，胆大但不心细，容易轻信别人，所以更容易被骗，或者在别人对他实施侵犯时，意识不到自己受到了侵犯。比如，有人摸一下男孩的屁股、生殖器，男孩可能不以为然。这也是男孩遭受长时间性侵犯而不易被家长发现的原因。而长时间的这种侵犯会对男孩造成严重的心理阴影。

所以说，男孩，你所面临的危险远远超出了我们的想象。在父母培养你勇敢、独立的品格和冒险精神的同时，你也应该不断地增强自我保护意识和对危险的防范意识。这对你的身心健康成长，是非常有必要的。

那么，你应该怎样保护自己呢？具体而言，可以参考以下建议：

1.对陌生人要有"免疫力"

曾有过这么一个案例：

一位妈妈准备去医院看病，家中两个儿子无人照看，只好带到医院。妈

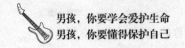

妈走进门诊室后，两个孩子在走廊的长椅上玩。过了一会儿，一对陌生男女走过来和两个男孩搭话，并反复请求他们帮忙搬东西，但是他们一直不为所动。这一幕引起了旁边一位男士的警觉，他对那对男女说："这两个孩子哪有力气帮你搬东西，你们要搬什么？我可以帮忙！"没想到对方却说："不用你帮忙！"说完转身就走了。

事后，当被问到"为什么不为所动"时，两个男孩说："医院走廊里那么多人，他们偏偏找我们帮忙，这不奇怪吗？"

男孩，"不要和陌生人说话"，这是父母经常对你说的话。但想要保护好自己，你要做的不仅仅是不和陌生人说话，而是应该对陌生人保持一定的"免疫力"，这是一种防御心理、防范意识。即遇到陌生人时，要保持警惕之心，做到不轻易相信陌生人的话，不轻易跟陌生人走。

2.建立防范侵害的预警系统

什么是坏人？坏人脸上会写着"坏人"两个字吗？不会，但是你可以通过言行举止来分辨一个人的好坏。这就需要你建立防范侵害的预警系统，一旦有人对你做了某些不当行为，说了不当的话，这个系统就会发出警报，你就知道对方是坏人了。可以通过这几种行为进行判断并预警：别人要你脱裤子，触碰甚至玩弄你的隐私部位，或评价你的隐私部位等。一旦出现这些情况，你就要意识到对方是坏人，对方正在侵害你或试图侵害你，这时你应该及时向父母或老师反映情况。

3.你的身体神圣不可侵犯

男孩，你的身体只有自己能够支配，你有权利拒绝任何让你感到不适的身体触碰，无论对方是陌生人，还是爷爷奶奶、叔叔阿姨，或是老师，你都有权拒绝对方触碰你的身体。这种拒绝与礼貌、教养、品德无关，而是你应该坚持的自我保护的基本原则。

4.把"秘密"分享给父母

那些侵犯你的人，往往会用"这是我和你之间的秘密""不要告诉你父母"之类的话堵住你的嘴。你可别天真地以为这是什么好秘密，然后老老实实地憋在肚子里。正确的做法是赶紧告诉父母，采取保护措施，不然对方还会继续侵犯你。

校园霸凌，并不是所有的孩子都天真无邪

近年来，关于校园霸凌的新闻不断涌现，霸凌方式繁多，暴力程度令人发指，远远超出了人们所能想象的范围。

霸凌事件1：安徽省怀远县某小学副班长逼同学吃屎喝尿事件

2015年5月8日，一则"安徽怀远某小学12岁的副班长向同学索要钱财并逼同学吃屎喝尿"的消息受到了广大网友的关注。经查明，安徽怀远县某小学12岁的副班长小赐因为有检查同学作业、监督同学背书的权力，经常借此向6名同学索要钱财。钱给不够，就逼迫他们喝尿吃屎。

霸凌事件2：北京市中关村某小学事件

2016年12月，北京一位学生家长爆料，他的儿子斌斌（化名）被同学扔到了厕所垃圾桶，擦过屎的纸撒了孩子一身。据介绍，斌斌是班里的体育委员，同学鹏鹏（化名）觉得斌斌当体育委员的时候管他比较多，心里不舒服，就打击报复。事实上，鹏鹏平时也欺负斌斌，还给他起外号。鹏鹏还欺负其他同学，有时候甚至直接用拳头打同学的头。

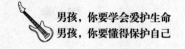
霸凌事件3：河北石家庄赵县某中学围殴事件

2018年10月16日，网上流传出一个围殴事件的视频。视频里，一名男生站在墙角，遭遇多名学生围攻，拍视频的学生还不断地提醒大家："挡到镜头了，让一让！"后经调查，这起校园暴力事件发生在河北省石家庄赵县某中学，暴力实施者和受害者均为该校学生。

男孩，看了以上三起校园霸凌案例后，你有什么感触呢？你会不会对施暴者恨得咬牙切齿，对受害者无比同情？与此同时，你是否也想搞清楚，什么样的行为是校园霸凌，以及如何避免这样的事情发生在自己身上？接下来，我们就来逐一介绍。

所谓校园霸凌，简单地理解就是对同学恃强凌弱，施暴者采用各种方法欺辱受害者，包括暴力围攻、威胁恐吓、语言羞辱甚至肉体折磨，比如，扔进垃圾桶、逼着喝尿吃屎等，对受害者的身体和心灵进行双重伤害。霸凌带来的伤害可以摧毁一个人的心灵，给人的一生带来难以磨灭的阴影。

校园霸凌事件的一再出现告诉我们：不是每一个孩子都心地善良，不是每一个同学都团结友爱，也不是每一位老师都可亲可敬。因此，我们要提前预防校园霸凌事件的发生，不让自己成为可怜的受害者。那么，具体怎样预防呢？

1.放学后结伴而行，不走偏僻小路

避免校园霸凌、校园暴力的第一个方法就是"惹不起，躲得起"，躲开有可能发生霸凌的路线，就能有效地保护自己的人身安全。比如，放学后要和同学结伴回家，不要走偏僻小路；有校车的尽量坐校车，如果父母有时间，可以让父母接送。

2.不要和不太熟悉的同学外出

课间或者放学时，不要和不太熟悉的同学单独同行。如果不太熟悉的同学叫你出去，你要学会拒绝。你可以说："有什么事可以在教室里说！"实在不行，最好也不要离开走廊。这样可以把被霸凌的风险降到最低。

3.低调行事，切勿争强好胜、出风头

做人要低调，做学生也应该低调。低调表现为不与同学争强好胜，不抢别人风头，不处处表现自己的优越感。尤其是青春期的孩子虚荣心强、嫉妒心重，如果你穿的都是名牌，用的都是高档产品，还经常在同学面前炫耀自己家多有钱，那么你就很可能成为某些暴力分子的"肥肉"。他们会在你毫无防备的情况下围攻你，并抢走你的钱和手机等贵重物品。而且一旦有了第一次，往往还会有第二次、第三次。所以，还是低调一点好。

4.积极参加体育锻炼，强身健体

为防止校园霸凌发生在自己身上，最好的办法之一就是让自己变得更强大。这种强大既来自于内心的强大，同时也源于健壮的体魄。因此，平时要积极参加体育锻炼，如跑步、打篮球、游泳、拳击等，以提高身体各项素质。当你拥有强壮的体魄时，你会获得更多的信心和勇气，让你从生理和心理上都变得更强大。

5.如果霸凌不幸发生，要向老师或父母报告

如果有一天，你不幸成为霸凌的受害者，请不要忍气吞声，被霸凌时要有勇有谋地保护自己，至少也应该记住施暴者的人数和体貌特征，以便事后及时向老师和父母报告。

黑车、黑摩的，社会比你想的要复杂

最近几年，常有花季少女乘坐黑车、黑摩的遇害的案件。这让很多女孩感到害怕的同时，也让很多男孩庆幸自己身为男孩"比较安全"。如果你也这么认为，那就太单纯了。我们不妨来看一个案例：

　　几年前，曾发生过这样一个案例：高速执法人员巡逻至某高速路段时，发现应急车道内停放着一辆自行车。执法人员减速靠边停下，发现一旁的绿化带里有一个男孩正在爬树。执法人员叫住男孩，对他进行一番询问后得知，男孩姓贾，端午节到了，小贾想回老家过节，可是他没有身份证，无法购买火车票。无奈之下，小贾只好选择搭乘了一辆"黑车"。不料车辆行驶到半途，司机要求小贾给他500元乘车费，否则就下车。小贾拿不出500元钱，最终被货车司机"扔"在高速公路上。

　　可怜的小贾只好推着自行车，沿着高速公路的应急车道往前走。当他看到路边的绿化带内有李子树时，又渴又饿的他就想去摘李子吃。幸运的是，他被正在巡逻的执法人员发现。后来，执法人员联系上了小贾的家人，并帮他坐上了开往老家的客运车辆，小贾这才得以顺利回家和家人团聚。

　　看到这个案例，你是否有点后怕呢？乘坐黑车是有风险的，无论你是花季少女，还是花季男孩，抑或是成年人。因为黑车是没有正规运营资质的，所以黑车司机就逃避了一些法律监管。当贪念从心头滋生时，黑车司机就可能产生歹念，做出侵害乘客人身安全和财产安全的事情。

　　目前，我国很多城市都有大量黑车、黑摩的，特别是人流量大的火车站、汽车站、飞机场等地，黑车载客现象屡禁不止。很大一部分原因就是这些地方的正规出租车运力不足，给了黑车可乘之机。虽然它们在客观上方便了人们出行，但对乘客而言也存在一定的安全隐患。比如，一些黑摩的很会"见缝插针"，它们在城市的大街小巷上横冲直撞，无视交通法规，很容易发生交通事故。另外，这些黑车也没有一个合理的价格规范。更可怕的是，还有一些心怀不轨的黑车或黑摩的司机，寻找一切机会去加害那些一不小心坐上他车的乘客，侵害乘客的财产和人身安全。而弱势乘客，如花季孩子、成年女乘客等，最容易被他们视为作案目标。

　　因此，男孩，你切莫对黑车、黑摩的抱有侥幸心理，而要提高警惕，尽量不要乘坐黑车或黑摩的。如果一不小心乘坐了黑车、黑摩的，那你要牢记以下几点建议，做好自我防范。

1.记录乘坐车辆信息并发给家人或朋友

男孩，在上车前，无论是正规出租车还是黑车或黑摩的，你都需要记录或拍下所乘车辆的车牌号，观察并记录司机的样貌特征等信息，然后发给自己的亲人或朋友。

2.保证自己能够随时与家人或朋友联系

男孩，当你上了一辆黑车或黑摩的后，首先要通知家人或朋友，告诉他们自己在哪里上的车，大概要多长时间下车。而且要保证自己的手机有电，可以随时与家人进行联络。

3.打开手机定位进行导航，当发现异常时要立刻拨通一键报警电话

男孩，你上车后应立即打开手机定位进行导航，以确保司机开往目的地。当发现行车路线异常时，要立即拨通提前设置好的一键110报警电话寻求帮助。此时，你不一定要与110对话，只要大声说出你的恐惧就可以了，例如"你要干什么？""你要把我带到哪里去？"等，110听了就会明白你遇到了危险，即便是随后关机，警方也会通过手机信号锁定并尽快找到你。

4.不要暴露身上的贵重财物

男孩，在上车之前，你就要准备好乘车所需的零钱，千万不要在车上随意暴露自己的财产，比如钱包、首饰等贵重财物，以免引起坏人的歹意。

5.面对黑车司机，不要激怒对方

男孩，当你面对不熟悉的黑车司机时，要避免与他发生口角，也不要用言语激怒对方。这是新闻媒体曝出多起乘客乘黑车遭遇侵害案件后，专家总结出来的自我防范经验。因此，不要因为几块钱的车费问题和黑车司机发生争执，更不要在聊天中羞辱对方。如果你不想和对方聊天，不妨礼貌地附和，多听少说，以免激怒对方。

此外，一旦你处于危险境地，应该抓住任何可能的机会，及时向外界发

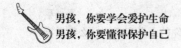

出求救信息，这对能否脱险来说至关重要。比如，先镇定下来，通过聊天稳住对方，再偷偷发信息给朋友或家人，让他们帮你报警。也可以借口肚子不舒服想上厕所，或口渴了想喝水等，骗司机停车，然后找机会逃跑。

总之，男孩，外出时要避免乘坐黑车或黑摩的这一类"危险"交通工具，当你一旦不小心乘坐了黑车或黑摩的，一定要多留个心眼，时刻注意保护自己的人身安全。

天上不会掉馅饼，"小便宜"不要占

俗话说："天上不会掉馅饼。"即便真的掉了馅饼，那馅饼往往没有肉馅儿，有的只是害人的"毒药"。如果你爱占小便宜，那么很可能会因此而吃大亏。不信的话，我们就来看一看这方面的例子。

2015年1月5日下午两点多，16岁男孩小孙独自走在宁波鄞州的一条街道上。一名骑摩托车的陌生男子跟了上来，向他搭讪："小兄弟，iPhone 6要吗？"小孙回头一看，对方40岁左右，身材微胖。

男子说："这个手机是朋友打牌输了钱抵给我的，你要的话3000元卖给你！"说话间男子掏出一部成色很新的iPhone 6手机递给小孙。小孙把手机拿在手里掂量掂量，再把玩了一番，确认是真机，不禁动了心。可是他身上没有那么多钱，怎么办呢？

小孙对陌生人说："我身上只有300元钱，还有一部旧的iPhone 4s，要不和你换iPhone 6？"

男子先是不同意，后来又说："算了，看在你还是个小孩子的份上，估计你也没什么钱，我就吃点亏，和你换了！"换完手机后，男子骑着摩托车扬长而去。

小孙心里美滋滋的，以为自己捡了个大便宜，谁知发现手机屏幕一直不亮，按了开机键也没反应。他仔细一看，才发现这是一部模型机，原来真机在不知不觉中被调了包，于是马上到附近的派出所报警。

类似的案件还有很多。民警提醒大家，出门在外，不要轻易相信陌生人的花言巧语，以免上当受骗，更不能因贪图小便宜而给不法分子可乘之机。

这个案例告诉我们，吃大亏往往是因贪小便宜导致的。就像贪吃蜂蜜的苍蝇，最终会溺死在蜜浆里。男孩，对于像你这样涉世未深，又没有什么经济能力的孩子来说，遇到自己心动的东西时，难免会忍不住产生一番美好的联想：如果能占个便宜，满足自己一直以来的心愿，那该多好啊！可是，贪心最后带来的往往是恶果。所以，男孩，千万不要认为天上会掉"馅饼"，更不要随便贪图"小便宜"。

那么，世界那么大，你的阅历又不够，究竟如何防止"天上掉下的馅饼"把你诱惑了呢？为此，我们给你以下两点建议：

1.时刻保持冷静、清醒的头脑

男孩，任何"陷阱"都有一个光鲜诱人的"外衣"，就像人们钓鱼时，给鱼下的诱饵一样。但只要你时刻保持冷静、清醒的头脑，并坚定地认为"天上不可能掉馅饼""天下没有免费的午餐"，那么再光鲜诱人的诱饵，也无法让你心动。怎样才能在诱惑面前保持冷静、清醒的头脑呢？

第一，要冷静地问自己："这真的是我需要的吗？还是只是因为便宜？"如果只是因为便宜而买某个东西，或只是因为"想要"而去占有，那你不妨放手。

第二，你应该再问自己："为了占这个便宜，我会付出什么样的代价？"可能是长时间的等待，比如，庆典活动中搞抽奖活动，你要长时间等

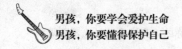
待，才有机会抽奖。还可能是被骗或违背自己的良心，这时你要问自己："这样做值得吗？"

当你把这两个问题都考虑清楚后，理智往往就能够抑制你的冲动，让你保持冷静和清醒，从而避免因贪小便宜而吃大亏。

2.多问多听，参考别人的意见

男孩，有句俗话说"当局者迷，旁观者清"，当你遇到"好事"时，先别急着去占有，不妨多问问身边的人。比如，看到中奖信息，跟爸爸妈妈说一下，看爸爸妈妈怎么说，或问问同学，看他们对这件事怎么看。只要你不急着去贪便宜，多听听身边人的看法，你就能在很大程度上避免上当受骗。

男孩，还有个成语叫"不贪为宝"，意思是以"不贪"的品德为宝。要知道，拥有一颗不贪图、不妄求的心是最珍贵的。因此，除了基于防止上当受骗而不贪小便宜之外，在日常生活以及与他人的交往中，你也应该树立"不贪小便宜"的意识。比如，不要随意挪用别人的东西，不要总是借别人的东西，不要顺手牵羊拿别人的东西，吃自助餐时不要吃饱了还硬撑，等等。这样你才不至于因小失大。

网络是把双刃剑，别不小心伤了自己

在网络信息时代，几乎每个人的学习、生活、工作都离不开网络。在这样的大环境下，你很早就接触了网络，小小年纪的你就能够熟练地上网查资料、看新闻、看电影、网上交友聊天。网络就像是你的朋友，更像是一部百科全书，有不懂的问题，只要去网上查一查，很快就能找到答案。

谈到14岁的儿子小飞时，牛先生说："每天在饭桌上，我们都会从他那里获得很多信息，比如最近网上比较热的新闻有哪些，他最近看了什么电影，读了什么小说，都会跟我们分享。如果我们遇到了难题，比如空调制冷出了问题，墙壁脏了不好处理，他都会及时帮我们从网上找到答案。"

黄女士谈到自己儿子上网的经历时这样说："我儿子在上幼儿园的时候就开始玩电脑，最初只是在电脑上玩游戏，有时候在电脑上看动画片。上小学后，学校办报纸，他就开始从网上下载图片。他还在网上学习英语，学习作文，广泛阅读。后来，网上的各种动画吸引了他，他在没有人指导的情况下，自己看书学习了Flash（动画设计软件），制作了很多动画。看到他自学了一门技能，我真的感到特别欣慰。"

男孩，网络是神奇的，网络带给你的益处是无法否认的。只要你能利用好网络去学习，多方面了解各种各样的知识，你就能获得更好的成长。

网络的与时俱进，能够培养你的时代意识。网络随时代的发展不断被赋予全新的内容，时尚、前卫的理念往往最先传播于网络。这些都有利于培养你与时俱进的观念，还能拓宽你的视野，增强你的全球意识。

网络的丰富内容和活泼形式可以为你打开知识大门的另一扇窗，极大地激发你的好奇心和学习兴趣。通过网络获取知识更方便、快捷，只要你愿意学，就能学到很多从现实生活中学不到的知识。

网络可以超越时空，能够扩大你的交际范围，你可以通过电子邮件等工具与世界各地的朋友聊天、交流。

网络的平等开放，有助于你发挥自己的创造性。你可以大胆地参与网上各种活动，发表自己的作品，甚至参与网络的建设和改造。

然而，网络又是一把双刃剑，它在带给你便利的同时，也潜藏着很多风险。对此你一定要提高警惕，谨防上当受骗。具体来说，你应该注意以下几点：

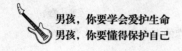

1.擦亮眼睛，辨别信息的真假

网络世界的信息错综复杂，有真有假，切勿偏听偏信。网上经常流传一些虚假的新闻报道、视频片段，对于这类信息，切勿不加辨别地相信，盲目地转发。否则，很多人可能因你的转发而产生误解、误判，甚至引起其他后果。

2.有所选择，自觉抵制不良信息

网络上的内容良莠不齐，也会充斥着一些暴力、色情、反动的信息，容易对你的心灵造成污染。因此，你应该有所选择，自觉抵制不良信息。比如，不要进入黄色网站，不要看色情、暴力影视，不要听信反动的言论。要上正规的网站，接触有益的知识，看有正能量的影片和书籍。

3.管好自己，别在网上放纵自己

网络是虚拟的世界，由于隐蔽性强，道德法律约束力低，有些人就会放松对自己的道德约束，认为在网上骂人、说脏话、传播负能量无所谓。如果你也这样想，那就错了。网络也可以看作一个社会，也有复杂的人际交往，虽然不一定能看得见别人，但别人可以通过你说的话、发的信息来判断你的思想、修养、人品等。因此，在网络世界里，你也应该管好自己，切莫放纵自己，以免形成不良的习惯。

4.保持警惕，防止掉进网络骗局

在网络世界，你的天真、善良、脆弱常常会被居心叵测的人所利用，那些坏人可能通过与你聊天等手段，获取你的个人信息，为违法犯罪创造便利条件；还可能以异性网友的角色和你交友，然后约你出来，对你实施诈骗和伤害；还可能利用你贪便宜、想发财的心理，抛出诱人的条件，引你上钩。总之，对于网上流传的各类中奖信息，对于网友说的"赚大钱"等不要相信，对于网友的邀约，也不要轻易答应。保持警惕，才能有效地防止自己成为网络骗局的受害者。

5.有节有度，切勿沉迷网络游戏

网络上有各种各样好玩的游戏，偶尔玩一玩，打发一下无聊的时光，体验一下新鲜感，倒也无妨。但如果没有节制地玩，甚至沉迷于网络游戏，那就会严重影响你的学习和生活。走进网吧看一看，你会发现很多青少年整天泡在那里。有些孩子旷课去网吧玩游戏，通宵达旦，困了就在椅子上睡一会儿，饿了就吃碗泡面。这样不但严重损害了身体，还浪费了大把的青春时光，更浪费了父母的血汗钱，辜负了父母的一片期望。所以，无论如何都不要沉迷于网络游戏。

6.拒绝诱惑，切勿参与网络赌博

很多人都想赚钱，幻想一夜暴富，青少年也有这种倾向。不少赌博网站正是利用人的这种心理，制造种种诱惑，引诱大家参与网络赌博。更有甚者，赌博网站会有专门的营销人员到处散布"赌博公式""稳赚不赔的秘笈"，以此吸引广大网友的眼球。

一开始，他们教你的赌博招法确实能让你赢钱，可就在你忘乎所以，准备赚大钱的时候，往往会输得血本无归。其实这一切都是骗局，你之前能赢，不过是别人抛出的诱饵，因为只有让你尝到甜头，你才会加大筹码，他们才能获利更多。所以，你一定要打消靠赌博发财的念头，远离赌博。

总之，网络是一把双刃剑，我们在利用网络的同时，也要预防网络骗局，抵制网上各种不良信息。

远离那些"不三不四"的朋友

男孩，我们每个人都离不开朋友，没有朋友的人生是孤独的，但是，结交朋友要慎重，免得交友不慎，反受其害。下面就是一个典型的例子。

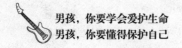
曲哲出生于一个普通家庭。小学时，他聪明好学，成绩在班里一直名列前茅，并且多次担任班干部。小学毕业时，他以优异的成绩升入重点中学。进入青春期后，他的思想开始滑坡，渐渐地和社会上"不三不四"的人混在一起，并染上了吸烟、喝酒等恶习，学习成绩直线下降。

为了断绝曲哲与那些所谓的"朋友"的交往，父母把他送到省会的一所中学读书。曲哲似乎明白了父母的一片苦心，暗自下决心不再像以前那样虚度光阴。功夫不负有心人，他的成绩逐渐提升到班级前十名，并顺利考入了省重点高中。

暑假来了，曲哲回到所在的县城，几个半年未见的"朋友"找到他，约他吃饭喝酒，酒桌上又聊起了"新鲜事"。一位朋友说自己被同校一名男生欺负，请大家帮自己出口恶气。曲哲在酒精的作用下，答应了帮忙。聚会结束后，他们找到那名同校男生，对他进行了群殴。结果，将对方打成重伤，曲哲和几个朋友因此受到法律的惩罚，还被要求赔偿一大笔医药费……

曲哲原本是个好孩子，是个优秀的学生，但自从结交了社会上那些"不三不四"的人，就受到了他们的不良影响，染上了吸烟、喝酒等恶习，甚至还一起斗殴伤人。这不就是典型的被引入歧途的例子吗？这个案例告诉我们，交友一定要慎重，千万不要和"不三不四"的人混在一起。

那么，"不三不四"的人是指什么样的人呢？所谓"不三不四"的人，往往有这样的特征：他们或不学无术、不求上进，或作风不正派、恶习满身，给人的感觉就是没有教养、吊儿郎当。这样的人与那种积极上进、作风正派的人会形成鲜明对比，一举手一投足之间，你就能察觉到他们的"异样"。

老话说："近朱者赤，近墨者黑。"好的朋友能给你带来温暖和帮助，不良的朋友却会将你带入危险之中。所以，男孩，你结交朋友的时候一定要多加小心，对于那些劣迹斑斑、品行不佳的同学和校外社会人员，请务必远离，千万不要和他们交朋友！

男孩，你正当青春年少，渴望与同龄人交往，渴望结交朋友，喜欢被朋友围绕的感觉，希望自己的心事能向好朋友倾诉。但是，你涉世还不深，鉴别朋友的能力也有限，稍有不慎，就可能像曲哲那样交到不良的朋友。在交朋友时要注意以下几点：

1.交友重质不重量

男孩，朋友不是越多越好，人际交往也不是越广泛越好。就像巴尔扎克在《高老头》中告诫人们的那样："交不可滥，须知良莠难辨。"那些吃过朋友亏的人，多数是滥交朋友，为数量而放弃质量的人。因此，交朋友应该重质不重量，正所谓"广结客，不如结知己二三人"，你只要拥有几个志趣相投、互相帮助、苦乐同享的知心好友就够了，不需要盲目追求朋友的数量。这样既能使你获得友情的快乐，也能让你避免那些坏朋友的纠缠。

所谓交友"重质"，指的是结交那些道德高尚、心地善良、博学多才、出类拔萃的朋友，结交那些可以让你积极向上、明辨是非、严于律己的朋友，结交那些能够与你在精神上互相理解、生活上相互关心、学习上互相帮助的朋友。当你得意时，他们能给你提醒，让你如醍醐灌顶；当你深陷困境、身心疲惫时，他们能给你真诚的帮助和激励，为你指点迷津；当你取得进步时，他们能和你一同分享快乐。这样的朋友才是真正的良师益友，才是你最需要的。

2.与品行好的人交朋友

明朝的一位文人，在谈到交友对象时，曾有这样的论述："交慷慨的，不交鄙吝的人；交谦谨的，不交妄诞的人；交厚实的，不交炎凉的人；交坦白的，不交狡狯的人。"这一论述精辟有理，值得你好好借鉴。如果你按照这个标准结交朋友，会发现班里和学校里那些品质优秀、言行有礼的孩子，才是值得你交往的朋友，而那些人品有问题、行为不端的孩子自然不在你的选择范围内了。

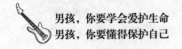

3.尽量少与社会人员交往

有些男孩喜欢与社会人员交往，认为他们比同龄人见识广、懂得多，更加有趣，也更加慷慨大方。但是，作为学生，与社会人员频繁交往是不太合适的。虽然不能一概而论，说所有的社会人员都是不良青少年，但是他们的生活环境、交往人群、思维方式都与在校学生有很大的不同，同他们在一起，你很可能会做出一些不恰当的事，比如去网吧打游戏、去迪厅蹦迪等。所以，男孩，还是尽量少与社会人员交往吧。

识别生活中常见的十大危险骗局

男孩，在家里的时候，父母肯定教导过你要做一个诚实的孩子，任何时候，答应别人的事情，都一定要尽力去做到。诚恳待人非常重要，正如一句名言所说的那样："失足，你可以马上恢复站立；失信，你也许永难挽回。"所以，男孩，希望你能够尽最大的努力，真诚地对待身边的人。

然而，我们必须告诉你一个社会现实：现实社会中有好人，也有坏人。虽然你可以做到真诚地对待这个世界，但是这个世界却未必能以全部的真诚回报于你，它依然存在欺骗和伤害，需要你擦亮眼睛去辨别。下面我们就总结了生活中比较常见的十大危险骗局，希望你把这些骗局记在心里，并在以后的生活中睁大眼睛，保持警惕，以防上当受骗。

1.陌生人骗局

中央电视台有一档收视率很高的寻亲节目，名字叫作《等着我》，里面的每一期节目都是一个有关丢失亲人与寻找亲人的故事。其中，很多小孩都是在年幼无知时被陌生人骗走的，而陌生人骗走小孩的说辞往往都很简单：

"小朋友，我带你去找妈妈，好不好？" "小朋友，我带你去买好吃的，好不好？" 男孩，希望你牢记：任何时候，无论陌生人怎样哄骗你，你都要坚定一个信念：不要相信陌生人的话，决不能跟陌生人走。否则，你此生将很难再见到亲爱的爸爸妈妈了。

2.中奖骗局

"恭喜你，中了2000元的代金券！" 在很多大型商场、超市的出口处，经常有玉器店开展"凭购物小票免费抽奖"的活动。然后很多顾客就会"一不小心"中大奖，获得几千元的代金券，凭借代金券再添上几百块钱，就可以购买原价几千元的玉器。很多人想着这么便宜，就买了。也有人会犹豫，但一想到是大商场开展的抽奖活动，不可能有欺诈，也就买了。

男孩，虽然你没有独立的经济来源，没有太多的钱，但是也要看好你的零花钱。在这里特别提醒你，千万不要被这种诱惑蒙蔽了双眼。其实这些玉器根本值不了那么多钱，成本价也就百十块钱，玉器店不过是利用人们"贪便宜"的心理来营销而已。当然，类似的中奖骗局还有很多，也有很多表现形式，你一定要提高警惕。

3.刷单骗局

有些男孩想在假期兼职赚点零花钱，帮父母减轻一些负担。当看到QQ群、微信群有人发出"兼职刷单"的广告时，觉得这工作太轻松了。刷一个单15元，一天可做多单，几分钟就能完成一单，每天下班结算工资。既不耽误学习，也不难，又不累。可是，这种广告往往是骗局，因为对方要求你先交押金，等某天你打算不干了，再把押金退给你。可到那时，他们会以各种各样的"理由"拒绝退还你的押金。所以，最好不要相信这类刷单广告。

4.低价卖手机骗局

你走在大街上，一个像做了亏心事的陌生人过来跟你搭讪，他小心翼翼地从口袋里掏出一部手机，然后把你拉到一边，装作很谨慎的样子说："我捡到一部苹果手机，还很新，但我现在缺钱用，低价卖给你，要不要？"一

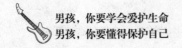
般三五百块钱就可以买到。你一听，很可能就心动了，因为几千块钱的手机只要几百块钱就能买到，这也太划算了。可是如果你贪图便宜，那你就会被骗。因为这种手机很可能是假货（样机），即便是真货，在你付钱后，对方也会神不知鬼不觉地把它掉包，等你发现时，对方早已不见踪影。

5.校园贷款骗局

有些男孩花钱大手大脚，不想总是向父母要钱，怕被父母批评。于是，他们想到了贷款。去哪里贷款呢？现在很多校园里都有贷款广告，只要用学生证就可以办理，但是利息非常高。学生没有经济来源，最后只会导致自己的欠款越来越多，甚至几百元的债务一年下来会变成几千元、几万元。其实这些都是校园贷骗局，你千万不要办这种贷款。

6.暑期工骗局

校园周边有时还会有招暑期兼职的广告信息，比如做广告发单员、促销员等，并且宣传的薪资还非常高，但这些一般都是骗人的。因为面试通过后对方往往要你交押金、保证金，很多孩子觉得有活儿干就行，不在乎那么一点儿押金，就答应了。可一旦交了钱，对方就会想方设法找你的茬，克扣你的工资。就算最后退了你的押金，你也赚不到多少钱。所以，只要遇到让你交押金、保证金的兼职，一律不要相信。

7.象棋残局骗局

男孩，你爱下象棋吗？相信有些男孩对象棋很感兴趣，走在街头巷尾，忍不住驻足观看象棋残局。这些象棋残局经常打着"压少赢多"的旗号，引诱路人入局。比如，你压一百块钱，如果能赢，摆棋的人会给你300元。如果你输了，也只是输100。那些残局表面上看似乎很简单，有些人在贪心的作用下，忍不住入局。结果，往往以失败告终。殊不知，街头残棋骗局陷阱重重，首先是残局本身充满了陷阱，绝不是你想象的几招就可以取胜的。其次，围观的人群中，有些人是"托"，他们在你下棋的时候给你胡乱支招，干扰你的注意力，打乱你的思路，导致你下错棋。所以，千万不要掺和街头象棋残局那滩浑水。

8.求助骗局

街头巷尾，乞讨骗局无处不在。比如，一个小伙子跪在地上，旁边立个牌子，上面写道："家人重病住院，急需钱救命"；一个学生模样的女孩拿着一块牌子："来外地旅游，钱包被偷，没钱吃饭，请好心人帮忙"；还有一些残疾人在地上爬行，旁边摆个音响设备，或播放伤感的歌曲，或播放自己悲惨的遭遇；等等。总之，这类骗局就是利用人们的同情心骗钱，你还是不要相信为妙。

9.神药骗局

15岁男孩肖强脸上有很多青春痘，一天他走在街上，见到一个陌生人举着一个牌子，上面写着：祖传秘方，专治青春痘。肖强很感兴趣，就主动上前询问。对方拿出"神药"向他介绍，引诱他购买。其实这种"神药"是一种新型毒品，从此他便陷入吸毒泥潭无法自拔。

这个例子告诉我们，千万不要相信世界上有什么神药，更不要随便接受陌生人的食物特别是药物。有病应该去医院治疗，而不要寄希望于什么祖传秘方或神药。

10.网络交友骗局

网络交友在青少年中非常流行，这个时代谁如果没几个网友，都不好意思说自己会上网。很多男孩也有自己的网友，特别是异性网友。由于聊得来，感情比较"深"，就忍不住想一睹对方真容。可是和网友见面是有风险的，有可能财物被骗，还有可能受到人身伤害。所以，千万不能轻易答应网友的邀约。

另外，网友还可能以各种理由找你借钱，比如，手机欠费了，没钱买游戏币，或让你帮忙充个游戏卡等，这些钱看似数额不大，但也架不住次数多。所以，如果你有这样的网友，请远离他们。

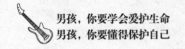
男孩，自我保护的意识比保护技巧更重要

男孩小烨家乔迁到新的小区，他对小区的环境还比较陌生。一天放学回到家，他见时间还早，就在小区里转悠。当他转到小区深处的一栋楼前时，一位中年男子叫住了他："小朋友，可以帮帮我吗？我车里有一些水果和货物，能帮我搬到电梯门口吗？过后我会送你两个大苹果。"

小烨向身后的一辆面包车看过去，发现里面还坐着一个叔叔，便说："对不起叔叔，我力气太小了，帮不了你，你可以让你车里的那位叔叔帮忙啊。再说时间也不早了，我该回家了，我妈妈正在等我呢。"

中年男子见小烨转身离开，笑着摆了摆手说："没事，你防范意识还挺强，不过你做得没错，值得表扬。好吧，你赶紧回家吧，别一个人在小区里晃荡了，省得家人担心。"

小烨调皮地吐了吐舌头，跟中年男子说再见，然后赶紧向自家那栋楼跑去。

在这个案例中，也许小烨误解了那位中年男子，因为对方也可能真的是想让他帮个忙，但却被他礼貌地拒绝了。不过，我们却不能认为小烨做错了。相反，他的做法值得每个孩子思考和借鉴，这是因为他表现出了极强的自我保护意识。

现在，我们就来分析一下，为什么小烨的做法值得思考和借鉴。

首先，在听到陌生男子的请求时，小烨没有立刻就走向面包车前搬东西，而是先观察了一下车内的环境：发现车内还有一位叔叔。显然，对方让他一个小孩帮忙搬东西的理由有些牵强，因为车内的叔叔完全可以帮忙搬东西。

其次，面对陌生男子提出的请求，小烨勇敢地表达了拒绝的意思。这是很了不起的表现，因为有很多男孩虽然内心不想答应别人的请求，但嘴上却不好意思拒绝。敢于拒绝是值得表扬的。这种拒绝，可以让小烨避免接近那辆面包车，也避免了因搬东西而接近电梯口。这正是在规避潜在的危险，哪怕这种危险的可能性只有万分之一。

也许有人觉得这样太过小心，会伤害别人的感情，但在人身安全面前，我们首先要为自己考虑。男孩要意识到在自己身上可能会发生的危险，不管对方是不是有那样的企图，都应该首先有保护自己的意识，正所谓"防人之心不可无"。

最后，小烨表现得很机智，他用"妈妈正在等我"这样的话来给他人制造错觉，一句话把自己拒绝的理由讲得很明白。也许有人觉得小烨说谎了，但在这种情况下，出于自我保护动机的谎言，并没有什么不妥。

总的来说，先不说小烨在应对陌生人求助这件事上的处理方式高不高明，但他所表现出来的强烈的自我保护意识，要予以肯定。要知道，很多时候我们并不是因为"应付不了危险"而受到伤害，而是缺乏自我保护意识才导致涉险，且涉险后还浑然不知。所以，从这个意义上来讲，自我保护意识比自我保护技巧更重要。

1.养成预见后果的习惯

"未雨绸缪"说的就是这个意思，提前做出预防工作，就能在很大程度上避免不良后果的发生。所以，从现在开始，小到过马路，大到参加户外活动，你都应该养成预见行为后果的习惯。在你做出每一个决定之前，都应该好好想一想："这样做有危险吗？""遇到危险我能解决吗？"如果答案是"可能有危险"，那么就应当放弃这样的决定，换个稳妥的办法试试看。俗话说："不怕做不到，就怕想不到。"你要知道，很多危险在刚刚开始的时候，并不可怕，但是由于当事人浑然不觉，任其发展，结果一发不可收拾。

2.平时多关注与安全有关的新闻

男孩，有个词语叫作"见多识广"，见多识广，自然能够识别更多的骗局，并提前加以防范。希望你平时养成多关注社会新闻的习惯，尤其是涉及人身安全的，并且善于从案例中吸取经验，杜绝同样的悲剧再次发生。比如，经常观看中央电视台的法制栏目，多了解一些法制案例，从中受到启示，强化自我保护的意识。你还可以多关注其他新闻节目，关注身边的安全事故案例，从而增强自我保护的意识，了解应对方式，万一你遇到同样的事情，就能更好地应对了。

3.让自我保护成为一种行为习惯

有研究发现：人的行为70%以上都是习惯行为。俄罗斯教育家乌申斯基曾说过："如果你养成好的习惯，你一辈子都享受不尽它的利息；如果你养成了坏的习惯，你一辈子都偿还不尽它的债务。"因此，让自我保护意识成为一种行为习惯，时时刻刻把自己的安全放到第一位非常重要。

比如，不要轻易相信陌生人说的话，不要轻易跟陌生人走，外出要遵守交通规则，一个人在家时不要随便给陌生人开门，不要贪图便宜，不要相信天上会掉馅饼，等等。总之，要让这些规则慢慢变成你自我保护的习惯。

请记住，自我保护意识的培养远比任何的保护技巧都重要，因为它能让你以更加谨慎的态度去应对社会上的骗局和危险。只有当你有强烈的自我保护意识时，你才能有效地避免各种可能的骗局和危险，哪怕你真的遇到了骗局和危险，强烈的自我保护意识也能让你冷静地应对。

第二章

保护好自己，
校园生活才能更美好

　　男孩，校园是你学习的主要场所，是你的另一个"家"，也是一个小小的社会。在这个小社会里，不光有知识、友谊、快乐和阳光，也会出现一些不和谐的音符，甚至会有一些潜在的危险。因此，你要增强自我保护意识，学会一些自我保护的方法，这样才能够安然享受舒心的校园生活。

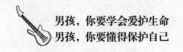

面对同学的恐吓、威胁、索要钱财，怎么办

男孩，你可能会认为像威胁、恐吓这样的事情不会在校园里发生，然而事实上它们的确在校园中存在着，下面就是一个真实的案例。

2012年9月的一天，随着下课铃声响起，学生们纷纷涌出校外。刚上初一的潘某独自走路回家，当他走到学校附近的一家小店门口时，被3个高年级学生围了起来。

"把身上的钱拿出来。"其中一个矮个子男生开门见山。

"我没钱。"潘某害怕地退后一步。

"老实点！别等我们搜身，要不然搜到1元钱就打一耳光，以后见一次还要打一次。"高个子男生威胁道。

面对威胁和恐吓，潘某知道抗争只会让自己吃亏，于是把身上的30元钱交了出去。

事发后，潘某选择了报警。警方很快就抓住了这3名男生，据3人交代："低年级的学生胆子小，好欺负，跟他们要钱很容易。"经调查发现，他们在学校门口以同样的方式向多名学生索要钱财数十次，金额少则十几元，多则一百元。拿到钱后不是吃喝一空，就是在网吧里挥霍掉。最终，法院以寻衅滋事罪，判处3人有期徒刑6～8个月不等。

承办该案的法官提醒：针对在校学生的违法行为时有发生，学生遇到敲诈、勒索和恐吓时，既不能硬拼，也不能一味顺从，而要及时报警或及时告诉老师和家长。

男孩，看了这个案例，你一定会觉得很震惊吧，你恐怕很难想象在和谐、宁静的校园里，竟然会发生如此恶劣的行径！事实上，威胁、恐吓的行为在校园中并不罕见，它常常由一些小事引发。

当你遇到同学威胁、恐吓、索要钱财时该怎么办？很多男孩遇到这种情况，往往会选择"先忍着"，而不是立即向老师和家长报告。他们可能觉得这是小事，没有必要闹得老师和家长都知道，"忍忍就过去了"；也可能害怕对方的打击报复，不敢把这件事告诉老师和家长。但是，一味地忍让和退缩并不能解决问题，相反，对方可能会觉得你胆小怕事、好欺负，因此一而再，再而三地对你实施侵害行为。所以，正确的做法是勇敢、坚强地去面对。

1.心里不要惧怕

这些威胁、恐吓别人的同学一般都是"纸老虎"，他们是想让你心里害怕，从而"听他们的话"。所以，面对同学的威胁、恐吓，你一定要保持镇定，心里不要惧怕。你可以试着勇敢地跟对方谈判，比如说"我们都是同学，有什么事可以好好商量，不要用这种方式来解决"，等等。当然，这样的谈判不一定会让对方放弃威胁、恐吓的行为，但是却能让对方感到你不是软弱可欺的，从而有所忌惮。

2.灵活机智地去应对

面对同学的威胁、恐吓，不要慌张，一定要保持机智和冷静，既不要生硬地拒绝对方，也不要一下子都把钱给对方。过于生硬的拒绝可能会激怒对方，给自己带来人身伤害，而太过顺从也会让对方感觉你胆小怕事，以后会变本加厉向你索要钱财。所以，对于不同情况下的威胁、恐吓，应该灵活、机智地去面对，但是一定要记住，保护自己的安全是第一位的，其次才是如何反击对方的问题。

比如，当你被多人围攻时，你最好表现得顺从一点，尽量满足对方的要

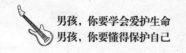

求。如果你面对的是一个勒索者，你可以用迂回的方式与对方商量："我身上没有那么多钱，要不明天我再给你，好不好？"如果对方态度有所缓和，同意你"延后"交钱，你应该迅速离开现场，并赶紧把这个情况报告给老师或父母。如果勒索者态度强硬，不同意你"延后"交钱，你也没必要僵持着，毕竟人身安全才是第一位的，钱就先让他拿走吧。

3.及时告诉老师和家长

无论你受到何种形式的威胁、恐吓，事后都要在第一时间告诉老师和家长，绝不能忍气吞声，息事宁人。你的隐忍是对他们的姑息和纵容，只会使自己受到更多的伤害，不会终止他们的行为。所以，你一定要及时向老师和家长求助，尽早去除威胁、恐吓的毒瘤，这既是为了你自身的安全考虑，也是在挽救对方。

4.学会开导自己

一旦你遭遇了威胁、恐吓，心里难免会受到伤害，很容易产生恐惧、自卑、忧伤等负面情绪，甚至会觉得对方的这种行为是自己的错误造成的，从而产生深深的自责。在这种情况下，你要学会安慰自己、开导自己，或者向老师和家长倾诉，早日摆脱负面情绪的困扰。

攀比、炫耀的虚荣心理有时会带来祸端

虚荣心理是人类常见的一种心理现象。青少年在成长的过程中，受到群体的影响，很容易产生虚荣心理。虚荣心是自尊心的过分表现，也是一种追求浮华的性格缺陷。虚荣心理的危害很大，它往往会扭曲一个人的自尊。当一个人的思想被虚荣腐化时，他就很容易陷入物质攀比的怪圈，为了使自己

"强"于他人，往往会处处显摆，时时比较。如果比别人强，就会产生强烈的优越感；如果比别人差，就会产生强烈的嫉妒。更可怕的是，价值观会逐渐扭曲，与此同时，进取心却被一步步摧毁。

暑假期间，上高中的表弟来表姐家玩，表姐发现他手里拿着一部最新款的手机，就随口问道："这手机是刚买的吗？"表弟开心地说："上个月买的，最新款，小一万呢！我爸妈怕我暑假无聊，就买了部手机给我。表姐，你看看是不是很酷？"

表姐问："这部最新款的手机是你爸妈自愿给你买的？"

"怎么会呢？我爸妈只想给我买一部普通的手机，我才不要，因为我班里同学都用新款手机，我才不愿意比他们差！"

表姐在和表弟的畅谈中得知，表弟的同学都穿名牌衣服和鞋子，上学都有车接送……表弟讲述这些的时候，脸上写满了美慕与向往，他还说："读书有啥用啊，我们班有些成绩好的同学照样被人瞧不起，因为他们家庭条件差，只有有钱才能赢得别人的关注。"

表姐听了这番话，对表弟非常担心。

现在，社会上有一种不良风气，那就是许多人喜欢在社交网络上晒名牌炫富，在这种不良风气的影响下，学校里也出现了不少攀比、炫耀的现象，比如，同学之间比谁的穿着时髦，比谁的家里有钱，比谁的父母权力大等，从根本上来说，这些都是虚荣心理在作祟。

法国哲学家亨利·柏格森说过："虚荣心很难说是一种罪行，然而一切恶行都是围绕虚荣心而生，都不过是满足虚荣心的手段。"虚荣心理是一种过于追求自身价值、自我满足的病态心理，它会对青少年产生十分不利的影响。有些孩子甚至会为此铤而走险，做出一些过激的行为，比如伤人、损害他人利益，等等。

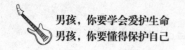
2018年，北京一所中学的学生小田（化名）因涉嫌盗窃被海淀警方抓获。据了解，小田在不到3个月的时间内，共盗窃16次，盗窃同学的手机5部、学习机2部、随身听6个，以及若干零花钱。之后，他再把盗窃的物品变卖成现金，给自己买手机、平板电脑等。

据小田讲述，他的家境不好，看见同学们穿着名牌衣服和鞋子，拿着高档的手机就眼馋。在和同学相处的过程中，他总感觉同学们瞧不起自己，总觉得自己低人一等。出于对同学的羡慕和嫉妒，也为了满足自己的虚荣心，他才决定铤而走险。

在日常生活中，由虚荣心理作怪而引发的青少年犯罪现象屡见不鲜，有的孩子为了博得同学们的赞赏和羡慕，没有钱还硬要充"大款"，不惜进行偷窃或诈骗，最终走上犯罪的道路，发生在小田身上的事情不就是一个鲜明的例子吗？

虚荣心理不仅容易诱发自己犯罪，也容易使自己被"贼惦记"，成为别人犯罪的目标。这很容易理解。如果你穿名牌、用名牌，还总是炫耀，你就很容易成为别人眼红的对象，犯罪分子也很容易把你当作下手的目标。这样你不就很危险吗？

所以说，虚荣心理不仅会阻碍你的健康成长，还有可能给你带来祸端，还是克服这种不良心理，远离攀比、炫耀的坏习气吧！

男孩，要想克服虚荣心理，你可以试试以下这些办法：

1.用正确的心态对待差别

社会存在贫富差别，这是难以改变的事实，加上不良社会风气的助推，导致部分人"尊重富者强者，轻视贫者弱者"。对于这种现象，你应当放平心态，而不应当盲目效仿，随波逐流。你可以通过自身努力，让自己变得更优秀，但不能为了满足自己的虚荣心，而走歪路。

2.要正确认识自己

每个人都有自己的优势和不足，有自己的长处和短处，也许你在物质方面比不过你班里的某些同学，但是你的成绩比他们优秀；也许你成绩不如某些同学，但是你在体育方面比他们强。总之，每个人都是一个独立的个体，都有自己独特的优势，所以你完全不必烦恼，更不应该自卑。

你应该正确地认识自己，包括正确认识自己的长相、身材，正确认识自己的性格特点，正确认识自己的家庭条件等，既不要过高地估计自己，也不要过分自卑。这样你才能保持内心的平衡，把精力和关注点放在学习上。

3.要正确对待自尊心

美国著名心理学家马斯洛说："人有自尊的需要。"适度的自尊心会使人自信和自爱，但是太强的自尊心却容易扭曲而成为虚荣心。因此，你在平常的校园生活中既要维护自己的自尊心，又不能太爱面子，对于成绩、荣誉以及家庭条件的差异，不要看得太重。要记得，人的自尊应该通过自己的勤奋努力获得，而不能靠夸张、炫富、弄虚作假等不当方式获得。

4.要正确面对别人的议论

有些男孩非常在意别人对自己的议论，怕被别人瞧不起，于是不考虑自己的能力和条件去"逞能"，甚至"打肿脸充胖子"。其实，别人的议论有正确与错误之分，也有善意与恶意之分，面对别人的议论，你要认真分析，遇事要有自己的主见，"择其善者而从之，其不善者而改之"就可以了。

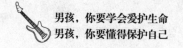
尽量不要借钱给别人，也不要向别人借钱

男孩，在学校的时候你有没有向别人借过钱，或者别人有没有向你借过钱？当然，你可能认为同学之间相互借钱是很正常的，但是看了下面的案例，你就不会这么想了。

2016年10月29日，安徽蚌埠某辖区内的民警接到孙先生的报案，说有人欠他儿子钱不还，双方家长发生了纠纷，请求民警赶往现场处理。民警到达现场后，经了解得知了事情的大致经过。

原来，孙先生的儿子小孙是当地一所中学的学生，最近两个月来，他频频偷拿家里的钱。孙先生和妻子得知这件事后，找儿子询问情况。在一番逼问下，儿子才道出实情：他偷拿家里的钱并不是拿去挥霍了，而是借给了同班同学小刘，前前后后共借出大概2000元。可小刘的家长却不肯还钱，还反咬一口，说小孙害了他儿子，如果小孙不借钱给他儿子，他儿子也不会沉迷于网络游戏。

民警问小孙："你为什么要借钱给小刘呢？"

"一开始借钱给小刘，是因为我们关系很好，不借不好意思。"

"为什么一而再、再而三地借钱给他呢？"民警继续追问。

小孙的解释是："其实借了几次之后，我也不想借，但他总是威胁我说，如果我不借给他，前面借的钱都不还我！"在小刘的威胁下，小孙只好硬着头皮继续借钱给他。

接着，民警问小刘："你借钱干什么？"

"打游戏！"小刘回答得很直接。

…………

最后，在民警的调解下，小刘家长答应还钱，小刘也认识到了错误。

看了这个案例，相信你对借钱给同学一定有了新的认识。事实上，对于青少年来说，无论是借钱给别人，还是向别人借钱，都是不太合适的，很容易给自己和别人带来麻烦。

为什么不提倡学生之间相互借钱呢？这是因为你们的经济来源主要是父母，当你向同学借钱时，很可能会让他们为难，即便他们借给了你，也可能会有些不情愿，在心里充满了疑虑，如此一来你们的友情便会蒙上阴影。如果借钱后能够按时还钱，那么友情自然还能延续下去；如果像小刘那样借钱不还，就会遭到同学的怨恨，甚至向老师和家长"告状"，乃至直接报警，到时候"友谊的小船"就要翻了。

那么，在借钱问题上，具体该怎么处理呢？以下几点建议值得借鉴：

1.有正当的理由可以"借"

借钱给别人或找别人借钱不是绝对不行，而是要有正当的理由。比如，同学找你借钱买作业本、买笔，如果你有钱，不妨帮忙。当然，如果你有作业本和多余的笔，也可以把作业本和笔借给同学。这样既帮了同学，又避免了金钱往来。同理，如果你遇到类似的困难，也可以向同学借。记住，是借东西，而不是借钱，你可以说："借个本子给我好吗？明天我再买个本子还你！"一般来说，同学都愿意帮忙，这比直接借钱好得多。

2.避免胡乱借钱助长他人不良行为

作为学生，需要花钱的事项并不多，有些男孩之所以"手头紧张"向别人借钱，主要是由于不良习惯导致的。比如，沉迷于网络游戏、摆阔气等。在这种情况下，借钱就等于把钱扔进了"无底洞"，结果往往是对方"债台高筑"，无法还钱。所以，当同学找你借钱时，你要问清楚对方借钱干什么用。如果他说不出正当理由，你最好果断拒绝。

3.借了钱要及时归还

在一般情况下，你尽量不要向别人借钱，但是在某些特殊情况下，你可

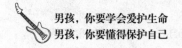
能还是免不了要向别人借钱。比如，马上就要考试了，你却发现自己的笔芯用完了，或发现自己的2B铅笔不见了。这时你应该马上找同学借钱去买笔，为考试做准备。但借了钱，一定要按约定的时间归还，千万不要拖延。特别要注意的是，千万不要向校外社会人员借钱，他们之中可能会有一些不怀好意的人，故意用借钱来引你上当。如果你有手机，你可以直接给父母发微信，让他们给你发红包买东西。但切记，这是应急时所为，平时不要养成超前消费的习惯。

4.要学会拒绝别人

男孩，当别人向你借钱的时候，绝大多数情况下你还是委婉地拒绝吧，尤其是对于那些你不熟悉的人，或者是借钱数额比较大的人，你最好在第一时间拒绝，不要犹豫，也不要一时心软。当然，拒绝别人是要讲究方式方法的，对于一些特殊情况你要灵活处理，如果你觉得左右为难处理不好时，不妨对同学这样说："这件事我得跟爸爸妈妈商量一下，听听他们的意见！"

有这样一句谚语：维持友谊的最好办法就是不要相互借钱。可以说，借钱在人际关系中是极为敏感的事情之一。尽量不要借钱给别人，也不要向别人借钱，这样你的人际关系会更加简单、平顺。

同学取笑你或者给你起外号怎么办

很多男孩都有被同学起外号的经历。个头矮胖的可能被同学称为"矮冬瓜"，身材瘦小的可能被同学称为"瘦猴""豆芽"，学习用功、成绩出众的可能被同学称为"学霸"。好听的外号都能接受，而难听的外号则会被认为是一种羞辱、一种歧视，会让人烦恼、生气、痛苦，甚至不惜为此和同学打架。

天伟是一名初三男生，这天班主任老师打电话通知他的妈妈，说天伟在学校和同学打架，把同学的脸打伤了。妈妈赶到学校，经过老师一番讲述，才得知事情的原委。

原来，天伟被同学起了一个外号叫"大叔"，为何被同学起这个外号呢？据那名起外号的同学说，看天伟的面相少年老成，完全与其年龄不符，所以就经常开玩笑叫他"大叔"。以前他叫天伟"大叔"，天伟也不生气，有时候还应一声。但今天不知道怎么了，当他叫天伟"大叔"时，天伟突然猛地一拳挥到他的脸上。

事后天伟告诉妈妈：他特别不喜欢别人叫他"大叔"，每次被别人这样称呼，他心里都很不舒服。以前之所以默认甚至应声，完全是出于无奈。今天心情特别不好，所以在同学叫他"大叔"时，他忍不住爆发了。

同学之间相互起外号，私底下交流的时候也用外号代替真名，这种现象在学生中很常见。事实上，大多数给别人起外号的同学并没有恶意，他们只是觉得好玩。但对于青春期的男孩来说，由于内心敏感，自尊心较强，一旦别人给自己起的外号直指自己的缺点、听起来不雅时，就会觉得有损自己的形象，有辱自己的人格，会因此感到烦恼，甚至会引起人际冲突。

那么，男孩该如何摆脱外号给自己带来的烦恼呢？

1.理解并大度地一笑置之

男孩，你要正确看待同学给自己起外号这件事。首先，他们只是觉得好玩，并不是为了伤害你的自尊心。换句话说，他们并不是故意想伤害你。其次，外号说明了你的特点，同学给你起外号是在提醒你有与众不同的地方。最后，有些外号虽然不雅，但那只是同学对你的昵称，恰恰表现出你们之间

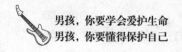
的一种亲密感情。想一想，只有关系好的人之间才会开玩笑，对不对？所以，面对同学起外号这件事，你应当把心放宽一点，大度地一笑置之，这样会让你更受欢迎，让你的人缘更好。

2.把外号当成一面镜子

同学为什么会给你起外号？有时候，他们是在以一种玩笑的方式间接地提醒你的缺点、弱点或缺陷。你要做的是正视自己的问题，而不是生气动怒。比如，同学叫你"娇气包儿"时，你就要意识到自己有娇气的毛病，然后设法去改正。当你改掉了这个毛病以后，同学自然也就不再这样叫了。再比如，同学叫你"豆芽"，说明你身材单薄，那你不妨加强饮食和锻炼，强健自己的体魄。当你身材健壮时，同学还会叫你"豆芽"吗？

同学给你起外号还可能是在提醒你有某些错误，或者说明你和某些同学相处得不够好。如果你能把外号当成一面镜子，通过"照镜子"去审视自己，反省自身的问题，那么外号就会成为你进步的帮手。当你发现自己真的做错了，或和某些同学确实相处得不好时，那你就要想办法改正自己的错误，不断进步，或想办法改善与同学的关系，化"敌"为友。

3.用积极的心态解读外号

通常，让人烦恼的往往不是事情本身，而是人们对事情的看法。就如同桌子上有半杯水，乐观的人会这样想："幸亏还有半杯水！"悲观的人却会这样想："怎么只有半杯水！"对待同学起外号这件事亦是如此。

著名核物理学家钱三强，原名不叫钱三强，而叫钱秉穹。有一次，同学给他取外号叫"三强"，父亲得知这个外号，感到奇怪，问他原因。他很认真地回答："因为我排行老三，喜欢运动，身体强壮，同学就给我起这个绰号，现在他们都这么叫我！"

父亲听完儿子的解释，觉得"三强"这个名字不错，同时还鼓励他："你这个三强可不能只是身体强壮，还得多方面发展，将来为国家做贡献。"后来，父亲把他的名字改为"钱三强"。

钱三强和他父亲对外号的解读告诉我们：如果你心态乐观，欣然接受别人给你起的外号，你就不会为外号而烦恼，甚至可以把外号当成鞭策，使自己变得更优秀。比如，同学叫你"瘦猴"，说明你不但身材骨感，而且脑瓜灵活；同学叫你"矮冬瓜"，说明你憨态可掬，亲和力强。当你这样解读外号时，你的心情就会大不一样，也就不会因同学给你起外号而烦恼了。

4.以平和的方式制止同学给你起外号

如果你确实无法接受同学给你起的外号，那你也没必要和别人发生矛盾冲突，明智的做法是以平和的方式去制止同学。具体来说，你可以试试以下方法：

（1）直接提醒对方不要叫你外号。

如果你认为外号伤了你的自尊心，你可以坦诚地告诉对方："我不喜欢这个外号，我有自己的名字，请不要再用外号称呼我。""请你别这样叫我，我觉得很受伤害。"大多数孩子都有是非观念，也知道尊重别人，当你这么直接提醒时，对方往往不会故意为之。除非对方和你有矛盾，故意喊你不爱听的外号气你。

（2）置之不理是最好的应对办法。

当你提醒别人不要喊你外号，别人仍然不听时，你最好的应对策略就是置之不理。任别人怎么喊你外号，你都当作没听见，不去理会。时间长了，对方觉得没意思了，也就不再喊了。反之，你越是在意，越是生气，对方越觉得有成就感（特别是对方喊你外号目的就是激怒你时），越会喊你外号。

（3）向班主任求助，请他给予必要的干预。

如果以上的方法都不见效，你还可以向班主任求助。班主任可能会在班会课上谈到起外号的问题，提醒大家不要随便给别人起外号。但是你不能寄

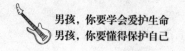
希望于班主任的一番要求就马上令行禁止。否则，你会感到更加失望。

最后，要提醒你的是"己所不欲，勿施于人"，你不希望别人给你起外号的同时，自己也要做到尊重别人，不给别人起外号。

男孩，"哥们儿义气"要不得

在校园中，很多同学特别是男同学，觉得有几个铁哥们儿，在自己被人欺负时有人替自己出头是一种荣耀。殊不知，这种为了"铁哥们儿"而讲的所谓"义气"，其实是一种基于无知和盲从、无情感基础的冲动，是一种非理智的行为。

兰州市民马先生的儿子小林在某中学读书，他喜欢交友，在班里还有两个铁哥们儿，他经常偷偷拿钱请他们吃饭、玩游戏。马先生教育儿子不能这样，儿子却说："哥们儿感情是需要经营的，我今天对他们好，他们今后才会帮我！"

有一次，他和同学小张因为一点儿小事儿发生了争执，后来双方大打出手，小林没有占到什么便宜，心里很不服气，于是就找两个好哥们儿帮忙。两个好哥们儿一听好兄弟吃了亏，怎么能袖手旁观呢，一定要去找小张出气。

第二天，三人把小张围住，正准备动手时，小张为求自保，将随身携带的一把刀子拿出来挥舞着防身，结果割断了小林一个哥们儿的手筋……

男孩，青春期是一个人自我意识肆意飞扬的时期。这一时期，你们的情感、行为和想法都会发生较大的转变。在个性上，会比较自我和张扬，加上情绪发展的不稳定性和成长中充满的困惑，所以你们特别期待得到他人的认同，而朋友关系可以满足你们的内在心理需求。正是在这种情况下，才滋生出"哥们儿义气"。

殊不知，"哥们儿义气"是一种狭隘的帮派观念。它信奉的是"士为知己者死""有难同当，有福同享""为朋友两肋插刀"，即使朋友做错了，甚至违法了，也不能背叛这个"义"字。这与同学之间真正的友谊是截然不同的。

真正的友谊是有原则、有界限的，友谊不能违反法律，不能违背社会公德。真正的友谊是，当一方出现思想滑坡时，另一方及时提醒和点拨，把对方拉回到正道上来；当一方做得不对时，另一方及时批评和指正，让对方改正自己，不断进步。

真正的友谊是彼此的一种真挚感情，是一种高尚的情操。当你遇到困难时，朋友会关心你、鼓励你、帮助你；当你收获成功时，朋友会为你感到高兴，会和你一起分享快乐；当你心情不好时，朋友会安慰你、陪伴你。

男孩，真正的友谊是建立在相互理解、相互欣赏的基础上的，尽管它也讲"义"字，但那是在讲法律、明是非的前提下讲义气，绝不是为了朋友不辨是非、不计后果地冲动、鲁莽行事。因此，你可以有铁哥们儿，但不要有"哥们儿义气"。

那么，与铁哥们儿相处时，应该怎样避免出现"哥们儿义气"呢？

1.重视同学关系，但不要拉帮结派

男孩，虽然拉帮结派能体现出你重视人际交往，拥有群体归属感，但拉帮结派本身并不是什么好事。因为校园不同于社会，只要你维护好同学之间的正常交往，保持良好的同学关系，就可以满足你对群体归属感的内在需求，根本用不着拉帮结派。

换句话说，你和几个同学关系很好，可以经常一起参加体育活动，或一起做一些有意义的事情。但不要一起干坏事，比如偷窃、抢劫、斗殴、欺负

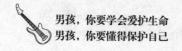
同学，不但你自己不能做，还应该及时劝告别人不要做。

2.要坚持原则，必要时敢于"撕破脸"

男孩，人活在世上，就应该有自己做人做事的原则。比如，不违法、不乱纪、不做伤天害理的事，不做损人不利己的事情，等等。当你的铁哥们儿叫你跟他一起干坏事时，你一定要坚持原则，敢于说"不"。必要的时候，你还应该敢于"撕破脸"。所谓"撕破脸"，就是"翻脸"，哪怕朋友做不成了，也要坚持自己的原则，也要说明是非对错，绝不人云亦云，同流合污，迷失自我。这才是你交朋友时应有的态度。

具体来说，当铁哥们儿邀请你干坏事时，你可以采用以下方法拒绝：

（1）谢绝法："对不起！""谢谢，我觉得这样做不合适！"

（2）婉拒法："我需要时间考虑！"

（3）不卑不亢法："违法乱纪的事情我是不会做的。"

（4）幽默法："真不好意思，今天我有事，参加不了你们的活动，只好当逃兵了。"

（5）沉默法：摆摆手，摇摇头，耸耸肩，皱眉头，转身默默离开，通过这些肢体语言表达拒绝的态度。

（6）缓冲法："哦，我再考虑一下，你也再冷静地想一想！"

（7）回避法："今天不想聊这个，改天再说吧！"

（8）严词拒绝法："绝对不行，你不用再浪费口舌了。"

被老师误解、批评时怎么办

十几岁的男孩正处于自我意识发展期，你们十分在意别人对自己的态度及评价，尤其是老师，他们的一言一行、一举一动、一个眼神都会引起你们的警觉。当老师误解并当众批评你们时，你们很容易产生被误解的愤怒感和被否定的失落感。

这天下午放学回来，肖天气呼呼地推开家门，把书包重重地扔在沙发上，愤愤不平地叫道："太气人了，太气人了！"

"怎么回事啊，天天，瞧你这么生气？"听闻天天的吼叫，妈妈赶忙问。

肖天情绪激动地说："今天上数学课的时候，同桌张军趁老师不注意给我塞了一张纸条。我立即将纸条退给他，并小声提醒他上课不要影响我。谁知老师正好看到我说话，便狠狠地瞪了我一眼，还大声批评我上课不认真听讲。我正想解释，老师就打断我，说不想听我解释，抓紧时间上课。我觉得很冤枉，为什么老师不相信我，连解释的机会都不给我呢？总不能不分青红皂白吧！我觉得老师对我有成见，老师一点儿都不喜欢我……"

妈妈听了肖天的讲述，对他进行了一番苦心安慰和引导，才让肖天的情绪平复下来。

不管是谁，被误解、冤枉后，心里或多或少都会不舒服。本来被误解和冤枉已经很懊恼了，若还被老师当着全班同学的面批评，就更加难以接受了。有的男孩在被老师误解后，觉得老师是因为不喜欢自己而存心整人，从而对老师产生怨恨情绪，进而与老师对抗。比如，上课不认真听讲，不认真写作业，有意疏远老师，甚至背地里说老师坏话等，想用这些方式来表达内心的不满和抗议。

可是，这样做有意义吗？能解决问题吗？答案是显而易见的：不能。老师很可能根本不了解你为什么有如此反常的行为，他们只会觉得你太不懂事，难以管教。因为老师不会联想到几天前批评了你，对他们来说，批评学

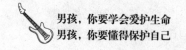
生是常有的事情，是自己的职责所在，也是教书育人的重要方法。于是，你和老师之间的误解就会越来越深，最后导致师生关系紧张，这会直接影响你对这门学科的兴趣和你这门学科的成绩。

所以，如果有一天你被老师误解、批评时，你一定不能像案例中的肖天那样，表现得情绪激动、愤愤不平，更不能认为老师对你有成见，是故意当众整你。正确的做法应该是这样：

1.冷静——克制情绪，保持平和

十几岁的男孩正处在青春期，内心敏感、情绪自控力有限，当被老师误解、批评时，有可能会感到愤怒，甚至情绪失控，这是不理智的表现。正确的做法是保持头脑冷静，保持心平气和，想一想老师为什么会误解、批评你。

比如，肖天提醒同学别影响他上课，虽然本意是好的，但这一举动本身是容易让老师误解的。既然如此，那以后上课的时候，是不是要注意提醒他人的方式方法呢？只要你能够去思考为什么会被老师误解，相信你就很容易冷静下来了。

2.理解——站在老师的角度思考

理解是人际交往的万能钥匙，也是在被老师误解、批评后的自我抚慰剂。怎样才能理解老师呢？那就是换位思考。要知道，人非圣贤，孰能无过。老师不是圣人，也会做错事，说错话。作为学生，你要想到老师批评你，本意是为你好。因此，你要本着理解、体谅的心态去对待。毕竟老师不会无缘无故地批评人，老师误解你、批评你，可能是没来得及调查清楚。如果你能这样想问题，内心就会释然。

3.沟通——适时向老师吐露心声

当老师误解你、错怪你，甚至因此当众批评你时，相信你很想解释，以证明自己的清白。可是解释也要看时机、看情况，如果当时老师比较生气，而且是当着全班同学的面，那么你不妨忍一忍。因为这个时候的解释会被老师误以为你是在狡辩，或者老师虽然知道自己误解了你，但当着大家的面不好意思承认错误，于是不给你继续解释的机会。

所以，你不妨等下课了，老师的情绪平复了，再私下找老师沟通，说明事情的原委。有些误解不方便解释，你可以给老师写张纸条，把事情的来龙去脉讲清楚，让老师了解事情的真相。有些误解如果你一个人说不清楚，可以找几个知情的同学帮你一起向老师说明情况。总之，有了误解后要及时和老师沟通，只要你把事情说清楚了，相信老师就会做出公正判断，误解很快就会消除。

对任何校园暴力说"NO"

2019年4月23日下午，甘肃省陇西县渭河某中学二年级学生小张遭到同校5名男生殴打，被送至医院抢救，因伤势过重，后又转院到兰州大学第二医院。当晚，小张经抢救无效死亡。

小张的父母怎么也没想到，儿子会以这种方式突然离开。他们说，在此之前，从没有听说过自己的孩子和同学有矛盾，也没听说过孩子和谁打架。

据说，小张被殴打的时候，看到的同学没一人敢去向老师报告。最后，还是小张强忍着伤痛，走到办公室向老师报告。

2019年3月，广州市一名14岁男孩因长期遭受校园暴力，晚上睡觉半夜做噩梦，在梦中一直叫着"不要打我，不要打我"。家长表示，如果不是听到孩子说梦话，他们根本发现不了儿子在学校的遭遇。

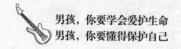

2015年6月6日，16岁的福州市永泰县初三男生小黄，在结束中考语文科目考试后，实在无法忍受剧烈的腹痛，才向父母坦白一个藏在内心四年多的秘密：原来，他从小学五年级开始，就经常被其他同学无故殴打。8日晚，小黄再次遭到同班3名男生殴打，忍痛2天后被送往医院，医生诊断发现他的脾脏出血严重，随后对小黄实施了手术，切除了他的脾脏。

这三个案例说明两点：一是孩子在受到校园暴力伤害后，往往不敢告诉父母和老师，而父母白天忙于工作，又难以察觉孩子遭受的伤害。二是暴力事件对孩子的伤害绝不仅是身体上的，还会给孩子造成严重的心理阴影。

研究表明，那些遭遇校园暴力伤害的孩子，多半是温顺老实、胆小怯懦、内向孤僻、独来独往、不擅交际的孩子。面对暴力伤害时，他们觉得受点委屈，让施暴者消消气自然就可以息事宁人了。殊不知，这样根本不会令施暴者"消气"，相反他们还会变本加厉，会更加肆无忌惮地对你实施暴力行为。

所以，如果你不幸遭遇校园暴力，一定要及时告知老师和父母，而不要寄希望于忍气吞声就会风平浪静。一定要对校园暴力说"NO"，要勇敢地反击，让暴力者明白你不是好欺负的。需要注意的是，这并不是让你直接反击，以暴制暴，而是让你聪明地回击。

1.保持理智和冷静，不要惊慌

当校园暴力发生时，你一定要保持理智和冷静，不要惊慌。你可以先尝试以下几种应对方法：

（1）试着用机警的话语帮自己摆脱困境，比如说"我爸爸马上就来接我了""我看见老师过来了"等。

（2）假意顺从，然后采取迂回的方法拖延时间，伺机逃跑，往人多的地方跑。

（3）大声呼救。一边逃跑一边呼救，吸引周围人的关注，这样施暴者也会有所忌惮。

（4）如果跑不掉，你不妨说些服软的话，向施暴者求饶。这不是懦弱的表现，而是减少伤害的策略。

（5）如果前面四种应对策略都行不通，那么你应该双手抱头，尤其是太阳穴和后脑，还有自己的隐私部位（裆部），以减少自己身体受到的伤害。因为保命最重要。

2.校园暴力发生后，不要以暴制暴

当校园暴力发生后，既不要"以暴制暴"，纠集同学和施暴者打架，也不能独自默默承受痛苦，而应该在第一时间向老师和父母报告情况，向他们求助，必要时还应该报警。因为这种情况已经超出了你独自承受的范围，交由老师、父母或公安机关处理才是正确的选择。

3.用正确的方式处理受到的心理伤害

男孩，万一校园暴力发生在你身上，你的心灵受到了巨大的伤害，你感到羞耻、无助和痛苦时，一定要做好心理建设，不能钻牛角尖，走死胡同。你可以试着向父母和老师倾诉内心的痛苦，也可以在父母的陪同下寻求专业机构的帮助，接受专业的心理疏导。在适当的条件下可以换班级或是转学，离开伤心之地。

另外，建议你多结交朋友，和班级同学打成一片，和大家搞好关系。这不是让你讨好大家，而是鼓励你保持积极的交往心态。当你身边总有好朋友围绕时，校园暴力就没有可乘之机了。

第三章

社会比你想的要复杂，
千万不要迷失自己

　　男孩，相对于校园生活的单纯而美好，校园之外的社会就不同了，它比校园要复杂得多，而且充满了各种诱惑。可是，你总不能天天埋头于校园里读书，而不接触社会吧？那么，面对社会生活，有哪些问题需要注意呢？吸烟、喝酒、赌博这些恶习你一定不要沾染，黑车、黑摩的尽量不要坐，远离酒吧、娱乐场所等是非之地，当心各种骗局……

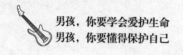

任何情况下都不要吸烟、喝酒

在一些校园里不乏存在这样一群男孩：他们不好好学习，经常逃学旷课，他们还吸烟、喝酒，打架斗殴，有些甚至偷窃赌博……如果没人管教，他们也许会在歧路上越走越远，最终走向犯罪的深渊，他们是大家眼中的"坏孩子"。大强（化名）曾经就是这样一个"坏孩子"。

如今28岁的大强，家住北京市通州区，14年前他因故意伤害致人死亡而入狱8年，当时他年仅14岁。而在14岁之前的两年，他一直"混迹于江湖"，除了黄赌毒不参与，其他很多坏事都做过。

12岁时，他受到班里"坏孩子"的影响，偶尔会在课间躲在厕所里吸烟，吸完烟就把烟头扔进厕所。

13岁时，他上初一，开始住校，经常在宿舍里吸烟。晚上下了晚自习，他还经常和同学去外面吃烤串，坐在路边喝酒、吸烟、畅聊人生，好不快活。

随着沾染上吸烟、喝酒的恶习，他又开始参与校内斗殴，再慢慢参与校外打架，之后有了盗窃行为，再后来在犯罪的道路上越走越远，直至因致人死亡而入狱。

从吸烟、喝酒到打架、盗窃，再到杀人，大强一步步走过来，走得是那么"理所当然"。吸烟、喝酒和打架、斗殴、杀人有必然的联系吗？我们不妨先看一个调查：

北京市委课题组曾组织过一项专题调研，他们翻阅了2010年以来700份未成年犯罪案的调查报告，详细梳理了2010年以来223例未成年人犯罪案件，以问卷方式调查了247名青少年犯罪嫌疑人，最终得出一个结论：吸烟、喝酒是青少年不良行为发展轨迹的起点。

事实上，大强曾经是个好孩子，学习成绩很优秀。但上小学四年级后，由于父母离婚，他跟着爷爷奶奶生活。为了弥补对儿子的亏欠，父母总是试图在物质上补偿大强，经常给他大笔的零花钱。大强说，他身上从来没有少过300元钱。这引起了一些大孩子的觊觎，他们总是向大强要钱，欺负他。

后来，有几个比他大几岁的男孩帮他出头，于是他成了他们的小弟，跟着他们一起出去吃饭喝酒。再有大孩子欺负他时，他那帮大哥、兄弟就会帮忙反击。他开始模仿电影里的情节，混迹于社会。有一次打架时，他用碎了的啤酒瓶扎伤了一个人的脖子，结果致人死亡，因此入狱。

看看大强的人生轨迹，是不是与这份调研报告结论不谋而合呢？吸烟、喝酒看似是不值一提的小毛病，但就是这些小毛病，却让很多青少年不知不觉滑入犯罪的深渊。

在这份调研报告中，还针对青少年7种不良行为的人数比例进行了排序，其中主要的前4种分别是：

（1）吸烟、喝酒，占37%；

（2）打架斗殴、辱骂他人，占29.6%；

（3）逃学、旷课、夜不归宿，占14.8%；

（4）与学校和家庭关系紧张，占7.4%。

通过数据，调研组还给那些染上吸烟、喝酒恶习的青少年大致描述了一条发展轨迹：

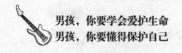
第一步：吸烟、喝酒；

第二步，打架斗殴、辱骂他人；

第三步：与学校和家庭关系紧张；

第四步：逃学、旷课、夜不归宿；

第五步：与社会不良人员联系；

第六步：进入法律、法规规定未成年人不适宜进入的营业性歌舞厅等场所。

调研组专家认为，吸烟、喝酒及逃学、旷课、夜不归宿等不良行为是导致青少年违法犯罪的高风险因素。再者，青少年正值身体发育的关键期，吸烟、喝酒会严重危害身体健康，影响身体发育。具体来说，吸烟、喝酒对男孩有以下危害：

1.可致早衰

经常吸烟的男孩，皮肤的弹性会变差，皱纹变多，表现为皮肤干涩、粗糙，甚至面容憔悴、色泽灰暗。同时，牙齿也会变黄，口气不再清新。因此，经常吸烟的男孩容貌会显得比实际年龄要老。

而酒精属于刺激性的饮品，如果长期且过量饮酒，就会导致皮肤粗糙、脸上长粉刺，或出现其他皮肤疾病。另外，如果原来就有皮肤疾病，喝酒就会使病情加重，例如白癜风、痤疮等病症。

2.引起记忆力减退

吸烟时，燃烧的香烟会产生一氧化碳。一氧化碳与人体血液中的血红蛋白结合后，极易造成大脑缺氧，从而引起注意力不集中、头昏头痛、思维迟钝、记忆力减退等症状。

3.影响智力

酒的主要成分是酒精和水。饮入大量的酒精能麻痹人体的中枢神经，降低大脑皮层的思维反应能力，导致注意力、记忆力下降，使人思维变得迟缓，甚至造成智力减退。

4.易患肝脏疾病

酒精进入血液循环后，就会带走体内细胞中的水分。同时，酒精在体内的代谢主要通过肝脏去分解和转化，这会增加肝脏的负担。因此，喝酒过量容易患上肝脏疾病。

5.酒后易冲动，醉酒容易被利用

喝酒之后，人在酒精的作用下，容易做出冲动的行为。而醉酒之后，神志不清，更是容易被坏人利用，或遭到坏人的伤害。

不仅如此，对于经常吸烟、喝酒的男孩来说，一旦对酒精、尼古丁上瘾，再想戒掉烟酒就非常困难了。因此，男孩们，为了有个健康的身体，在你应该好好学习的年纪，千万不要吸烟、喝酒。那么，应该怎样避免染上吸烟、喝酒的恶习呢？

1.别模仿，吸烟不是好事

青少年好奇心强、喜欢模仿，在渴望独立、成熟的特殊时期，往往盲目地认为吸烟是成熟的标志，于是看见别人吸烟，也跟着模仿。殊不知，这是非常愚蠢的行为。你应该明白，吸烟不是什么好事，不必模仿。而且吸烟也不代表你成熟了，真正的成熟来自于心智。

2.别不好意思，联络感情不必靠烟酒

不少男孩认为，烟酒可以使人产生亲近感，可以联络感情。正所谓："烟酒开路，才能办成事。"因此，当别人给你递烟、敬酒时，你也许会觉得别人是看得起自己，不好意思拒绝，于是就跟着抽烟、喝酒。殊不知，真正的联络感情不必靠烟酒，而是靠真心的沟通和相互的关心。所以，别不好意思，面对别人递过来的烟和敬的酒，要懂得拒绝。

3.抽烟并不潇洒，别爱慕虚荣

不少男孩虚荣心强，爱面子，尤其是当个别女生欣赏吸烟的男生时，他们就会感到很自豪，在这种心理暗示和鼓励下，为了博得女生好感，男孩便不顾个人健康，不顾学校纪律，抽上了烟。其实，抽烟一点儿也不潇洒，你

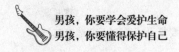

没必要爱慕这种虚荣。

4.借酒消愁愁更愁，积极面对才是你该做的

青少年在面临学习、个人感情、人际交往等方面的压力时，往往会表现得情绪不稳，加上承受力和自我调节能力比较弱，为了寻找心理寄托，就用烟酒来麻醉自己，想让自己暂时忘却烦恼。即所谓的"一抽（喝）解千愁"，但实际上，借酒消愁愁更愁，吸烟喝酒并不能解决问题，积极去面对、开动脑筋才是你应该做的。

千万别因为好奇而去尝试毒品

男孩，毒品这个名字或许你并不感到陌生，关于它的危害或许你也略有耳闻。每一年的6月26日是世界禁毒日，其中广为流传的一句宣传语是"珍爱生命，拒绝毒品"。毒品之所以受到全世界的关注，被世界各国列为"禁品"，是因为它的危害性太强，人一旦染上毒瘾，就会变得无法自拔，甚至会出现生命危险。

2010年，"陈某死亡事件"在广西引起了广泛的社会关注。当年7月5日，桂林市灌阳县初一男生因吸食毒品而死亡。

记者调查了解到，吸毒致死的学生名叫陈某，14岁，是桂林市灌阳县一所中学的学生。事发当天中午，他放学回到家里，坐在客厅的沙发上，母亲则在厨房忙着准备午饭。

突然，母亲听到"噗通"一声，循声看去，陈某从沙发上摔倒在地，四肢抽搐，神志不清，口吐白沫。

母亲赶紧拨打120急救电话，医生赶到后，诊断为：吸毒过量。可惜的是，陈某经医生奋力抢救无效死亡。

同时灌阳县公安局民警也来医院为陈某做了尿检，证明他死亡前吸食了毒品"K粉"。法医认定，陈某是过量吸食毒品导致呼吸循环衰竭而死亡的。

男孩，当你看了这个案例之后，是否对"珍爱生命，拒绝毒品"这句话有了更深刻的体会呢？案例中的陈某因吸食毒品而葬送了生命，结束了美好的青春，给家人留下了无尽的伤痛。由此可见，毒品是绝对不能触碰的东西。具体来说，毒品对我们有这样几大危害：

1.严重危害身体健康

（1）吸毒会严重摧残人的身体，它不但能破坏人体的正常生理机能，而且还会导致机体免疫力下降，进而引发多种疾病，如果吸食毒品过量还会造成突然死亡。

（2）吸毒还容易引发自伤、自残、自杀等行为。毒瘾发作时会使人感到非常痛苦，失去理智和自控能力，甚至自伤、自残和自杀。

（3）一些吸毒人员静脉注射吸毒时，往往是很多"瘾君子"凑在一起合用一支注射器，这极易导致艾滋病的交叉感染。同时，吸毒者在毒品的影响下，性行为也十分混乱，往往会因性乱交而交叉感染艾滋病。

2.严重危害家庭和谐

"一人吸毒，全家遭殃。"任何一个家庭，只要有一个人染上毒品，这个家基本上就宣告支离破碎了。因为吸毒者为了吸毒，会想尽办法花光家里的所有积蓄。积蓄花完后，就会设法变卖家产，再借遍亲友，最后甚至出现男盗女娼的现象。也许你会说：家人不给他钱购买毒品不就行了吗？殊不知，毒瘾患者会通过各种手段、不惜一切代价、不顾一切后果向家人要钱，偷拿、生抢，甚至六亲不认地杀害家人。这是非常可怕的。

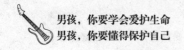
3.严重危害社会稳定

吸毒不但严重危害个人、家庭，而且也会给社会带来严重的危害。具体来说，吸毒可以对社会造成以下危害：

（1）诱发犯罪，影响社会稳定。

（2）吞噬社会巨额财富。

（3）毒害社会风气。

（4）影响国民素质。

在了解完毒品的严重危害后，我们该如何预防染上毒瘾呢?

1.学习毒品的基本知识和禁毒的法律法规。

2.不要听信毒品能够治病或解脱烦恼和痛苦等各种谎言。

3.树立正确的人生观，不要盲目追求享受或寻求刺激。例如不要吸烟、喝酒，不去未成年人不宜出入的娱乐场所。

4.远离那些有吸毒、贩毒行为的人。

5.绝不能以身试毒，也不能因好奇而尝试第一次吸毒。很多吸毒人员的体会是："一朝吸毒，十年戒毒，一辈子想毒。"

总之，吸毒是人类健康乃至幸福的杀手，是一个人堕落的开始，是通向地狱的绝望之路。因此，你一定要"珍爱生命，远离毒品"。

不要打扑克、麻将，更不要参与赌博

生活中有很多种休闲娱乐方式，比如逛街、看电影，或者是打羽毛球、乒乓球、踢足球等，但有一种娱乐方式千万不要碰，那就是以打扑克、打麻将为名义的赌博行为。我们先来看下面的例子。

小健（化名）的家教一直很严，父母虽然平时忙于工作，但对他的学习和好习惯的养成还是非常重视的。因此，从小学到初中，小健的学习成绩都不错，也没有什么不良习惯。但是从初一暑假开始，小健的人生轨迹发生了一些变化。那年暑假，父母因工作太忙无法照顾他，只好将他送到乡下的外公家过暑假。

外公家的亲戚很多，很快小健就和表哥、表姐们打成一片，他们还教会了小健玩扑克和打麻将。在小健看来，打扑克和麻将需要不断开动脑筋思考，富有挑战性和刺激性，而且还能和大家交流感情，拉近关系。所以，他觉得这是很不错的娱乐方式。

暑假结束后，小健开始在电脑上玩扑克、打麻将，从最开始的单纯娱乐，到最后的赌钱，小健慢慢变得痴迷起来，学习成绩也一点点下滑。一次偶然的机会，小健在网上找到了一个赌博网站，开始在网上疯狂地玩起麻将来。

刚开始，他的"手气好"，赢了一些钱，这使他更加兴奋。可是，好景不长，他开始走霉运，频繁地输钱。为了赢钱回本，他开始以各种借口向父母要钱，然后偷偷在网上赌博，可还是输多赢少。最后，小健实在找不到要钱的借口了，只好从家里偷钱。

终于有一天，东窗事发了。他在偷钱的时候，被妈妈抓了个现行。经过一番询问，妈妈才知道从前的那个好孩子，居然迷上了网络赌博……

我国不少家庭都有玩扑克、打麻将的习惯，逢年过节或吃饭聚餐后，大家都会围坐在一起玩玩扑克、打打麻将，旁边还有一圈围观者。也许你早就见过这种现象，而且觉得这不过是一种娱乐，玩一玩没什么关系。

很多家长也是这样想的，所以当孩子也跟着玩扑克牌、打麻将时，他们不觉得有什么不妥。更有一些父母在打麻将"三缺一"的时候，会拉上孩子一起玩。这些家长认为，茶余饭后，家庭成员打打麻将、玩玩扑克，既交流

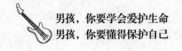
了感情，又打发了无聊的时间，有何不可呢？

的确，如果单纯地玩扑克、打麻将，那自然只是一种娱乐游戏，偶尔玩一玩也没什么。但是一旦把玩扑克和打麻将与金钱结合在一起的话，那就立刻变了味儿。更可怕的其实不是玩扑克和打麻将这种活动本身，而是由此滋生起来的赌徒心理，会助推你进一步参与赌博。

正所谓："大恶源于小恶。"其实大赌也是源于小赌，在这个世界上没有一个赌徒一开始就是赌徒，他们最开始也只是单纯地玩，然后玩小钱，再慢慢加大赌注，最后深陷赌博活动无法自拔，甚至不惜盗窃抢劫，走上犯罪道路。

初三男孩小赵生活在单亲家庭，爸爸赵先生平时工作较忙，没时间陪伴小赵，就给他配了一部手机。有时候小赵要买些衣服什么的，爸爸就把自己的手机和支付信息给他，让他自己买。所以小赵对爸爸的京东白条、蚂蚁花呗、银行账户支付密码都很清楚。

一天，赵先生收到一条账户消息，提示自己的京东白条竟然欠了7000多元，每月要自动还款800多元。他最近并没有从网上买什么东西，查看账户信息后发现，这些钱被用来购买了Q币。显然，这些钱是小赵花的。

后来小赵告诉爸爸，他之所以购买Q币参与赌博，与一个陌生网友有关。这个网友曾经把他拉进一个QQ群，里面教大家如何参与赌博，如何赚钱。起初他只是将信将疑，充了12块钱与陌生网友一起玩，按照陌生网友教的操作方法，他竟然真的"赚了钱"。后来，小赵慢慢加大了赌注，一度赢了3000多元，但是在这之后，就开始有输有赢。小赵不甘心输钱，就继续往里充值，想要把输的钱赢回来，结果越陷越深……

赌博不像单纯地玩扑克、打麻将这类娱乐活动，它本身带有很多不确定性。一旦赌博成瘾，就会让人沉迷其中无法自拔。赢了时想赢得更多，输了时就想回本。因此，对于像玩扑克、打麻将这样的娱乐项目，你需要理智看待，尽量少接触，不要迷恋，也不要以玩扑克、打麻将的形式参与赌博，更不能参加那种纯粹的赌博。具体来说，以下几点建议要牢记于心：

1.对扑克、麻将等游戏不要太过较真

男孩，你要记住，玩扑克和打麻将只是众多娱乐活动中的一种，一旦学会了，我们只需偶尔玩一玩当作消遣就可以了，对输赢要看得淡一些，千万别太过较真。此外，玩扑克或打麻将的时间不宜过长或者频率过高。

2.多玩一些积极向上的扑克游戏

男孩，以扑克为例，虽说扑克游戏的种类很多，但还有更多有益的扑克游戏适合你玩。比如，利用扑克牌算24点。即一副牌中去掉大小王，然后任意抽取4张牌，用加、减、乘、除把牌面上的数算成24，这个游戏还可以两个人一起玩儿，先算出24者为赢。此外，桥牌是一种高雅、文明，以及竞技性很强的智力游戏，你不妨多玩玩桥牌。

3.远离涉及金钱或其他交易的扑克游戏

男孩，当你在玩扑克或打麻将时，一定要杜绝涉及金钱或其他某种赌注的交易。这是因为，一旦游戏涉及有价值的物品或成为交易，就已经变了味道，不再是一种游戏了。

赌博是一种精神鸦片，是人性的一种顽劣表现，也是一种令人深恶痛绝的行为。从古至今，很多人因为沉迷于"赌博"导致财产尽失或家破人亡。所以，男孩，你一定要洁身自爱，提高自身对"赌博"的免疫力，远离赌博，多进行一些健康、积极向上的娱乐活动。

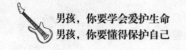
怎样安全地乘坐出租车、网约车

出租车是城市内常用的交通工具，能给我们的出行带来很大的便利。但不可忽视的一个事实是，出租车司机多为成年男性，一旦其产生歹意，青少年的抵抗能力是有限的，很容易成为被侵害的对象。所以，男孩，你乘坐出租车时，应该多一分警惕之心，尽量远离潜在的危险。

网络上曾流传过一个视频，标题为《小男孩坐出租车，发现司机居然是人贩子》。该视频内容是：一个小男孩乘坐出租车时，听到司机打电话说："我正往那儿赶呢！你要的东西我已经弄到了，活的呀，绝对是活的！这次绝对让你满意，小东西倍儿漂亮！绝对值钱。跑？放心，跑不了！小的啊，小的值钱……"

听到这些话，再从反光镜中观察司机不怀好意的眼神，小男孩意识到司机是个危险人物，出于谨慎考虑，他想出了一个逃跑计划，他对司机说："叔叔，我想尿尿了！"

司机不满地说："你怎么那么多事啊，前面马上就到了，你再忍一忍！"

小男孩说："我憋不住了，你不让我下车，我就尿你车里了。"

司机无奈，只好靠边停车。车门打开的瞬间，小男孩撒腿就往人多的地方跑，边跑还边喊救命，而司机则在后面追赶。这时正好碰到两个值班巡逻的民警，一下子将出租车司机制服了。

在这个视频中，小男孩通过一听、二观察、三机智应对的方式，成功逃脱了司机的控制，充分表现出遇到潜在危险时的冷静和机智。这种警觉和机智值得每个孩子学习，也启发我们在遇到潜在危险时，一定要冷静思考应对策略。

近年来各种打车软件十分盛行，只需一个手机即可操作，这使得乘坐网约车非常便捷。那么，乘坐网约车是否安全呢？我们再来看下面这个案例。

2018年1月30日，一则《急寻人！已失联4天！常州男孩朱某坐网约车回家，后不知去向！家人急疯！》的消息在网上、朋友圈不胫而走。男生在5天前和一位同学从学校附近搭乘网约车返回老家。同学早已到家，他却不知去向，且无法联系。

2月12日下午，110接到群众报警称：在南渡镇某村一池塘内发现一具男性尸体，经警方核查及死者家属确认，死者就是前期失联的男生朱某。

尽管男孩的死因是否为网约车司机所为，尚未确定，但这也足以说明，男孩乘坐网约车时还是有一定危险的。实际上，无论是在路边乘坐出租车，还是乘坐网约车，都务必要注意安全，尤其是在夜晚独自乘坐出租车或网约车时尤其如此。

那么，男孩该如何安全地乘坐出租车或网约车呢？以下几点要注意：

1.关好车门，系好安全带

上车后，一定要确认关好车门，并系好安全带，这是非常重要的。因为安全带可以在发生交通事故时，有效降低我们受伤的概率。比如，避免我们受到强烈撞击和磕碰，保证我们不被甩出车外等。要知道，如果车门没有关紧，车在高速转弯时，我们很有可能会被甩下车，这是非常危险的。

《重庆晨报》曾报道过一个新闻：一个8岁男孩和爷爷奶奶一同乘坐出租车，途中出租车右转弯时，左后车门突然打开，坐在左后方的小男孩直接被甩出车外。奶奶对司机大喊："停车，快停车，娃儿摔下去了！"停车后，小男孩倒在马路上，满脸是血，看上去伤得不轻。送往医院后，CT检查

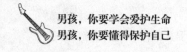
显示有脑干损伤。

类似的乘客被甩出车外的案例还有很多，受害者不限于孩子。如果乘客上车时注意检查车门是否关好，并系好安全带，这样的惨剧就不会发生。这些血淋淋的事实都在提醒我们：乘车一定要系好安全带，并关好车门。

2.拍下出租车信息并上传

上车后要注意观察出租车的信息，每个出租车的副驾驶位的前面都有一个牌子，上面登记着出租车司机和出租车的详细信息。你只需把它记下来，或者用手机直接拍下来，然后发给自己的家人或朋友，以防意外情况发生。此外，如果乘坐出租车时遗落贵重物品，也可以根据这个信息把丢失的物品找回来。

3.上车后不要透露自己的个人信息

一些男孩乘出租车时喜欢和司机聊天，而且在聊到自己的事情时，经常会在无意间把个人信息透露出去。殊不知，个人信息的泄露可能会给自己的财产安全和人身安全带来不利的影响。因此，以后碰到司机主动和你聊天，询问你个人情况时，你要尽量避免直接回答，注意保护自己的隐私。

4.在车内与家人或朋友实时联系

上车后，你可以先打电话，告诉家人预计下车的时间，并随时汇报自己的位置。如果路途较远，可以使用QQ或微信与家人或朋友随时保持联系。

5.手机没电时也要假装打电话

如果你上车后发现手机没电了，也不必惊慌，你可以假装镇定地与家人或朋友通话，明确告诉他们你的下车地点，制造家人会来接你的假象，让司机信以为真。

6.不要选择坐副驾驶位置

乘坐出租车或网约车时，尽量不要坐副驾驶的位置，因为越是靠近司机的位置，就越容易被不良司机控制，所以最好选择后排的位置。

7.当发现路线不对时，可以提醒司机，或问明原因

乘坐出租车或网约车时，切莫做"低头族"，而应该注意观察车辆的行驶路线。如果发现情况不对，可以提醒司机回到熟悉的路线，必要时可以提出下车的要求。与此同时，你也要把这些信息报告给家人，以备不时之需。

8.利用随身携带的"武器"保护自己

当你独自乘车时，包里最好带上一些防御工具。如果没有，可以利用包里的铅笔刀、圆珠笔等一些尖锐的东西。可不要小看这些，它们在紧要关头可能会保护你。

9.遇到危险时不要慌张，而是要沉着冷静

当危险来临时千万不要慌张，而要沉着冷静，想尽各种办法来保全自己。例如，每个人都有其善良的一面，如果发现司机意图不轨时，可以通过和他聊天来化解危险，比如，聊聊他的家人、孩子，聊聊美好的事物，以唤起他的良知。

总之，当你独自乘坐出租车或网约车时，一定要提高警惕，增强自己的安全意识、防范意识和应对能力，从而有效保护自己的生命安全。

不与不熟悉的人到野外去旅行

男孩，你们整天都是学校、家两点一线，是否会感到生活枯燥呢？你是否期待某个假期，约上三五个好友，来一场说走就走的旅行呢？如果是同学、朋友，大家彼此很熟悉，那一起结伴旅行也未尝不可。但是如果你和对方不太熟悉呢？你还敢与之结伴旅行吗？特别是在野外旅行，比如，爬山、露营等。

　　暑假到了，大雷的心早已蠢蠢欲动。因为暑假他有一个出游的计划，跟谁一起去旅行呢？跟最近在网吧认识的两个大哥哥，他们说邻县山中有一个大水库，去那里野钓特别好玩。而且他们有帐篷，大雷只需要带上自己的钓鱼装备和换洗的衣服，跟着一起去就可以了。这对大雷来说诱惑力太大了，因为他特别喜欢钓鱼。

　　听说大雷要去露营、钓鱼，爸爸没有什么反对意见，毕竟大雷已经15岁了，出去历练一下也可以。而妈妈显得有些担心，理由是这两个人是大雷最近才认识的，并不熟悉，跟不熟悉的人外出露营，而且是去野外水库，难免让人担心。

　　不过爸爸劝妈妈不必担心，还说"男子汉有什么好怕的"，大雷也说他会照顾好自己，最终妈妈勉强同意了，还给大雷备足了钱物。同时她还提醒大雷："去钓鱼可以，但千万别下水库游泳，晚上睡觉要多加防范。"就这样，大雷跟着两个大哥哥出发了。

　　他们先搭乘大巴车前往临县，再打车来到水库所在的山脚下，然后徒步进入山谷，爬上山坡，最后找到了野钓的地点——那座梦寐以求的水库。由于走到那里时天色已晚，他们只好搭建帐篷露营，准备第二天早上作钓。

　　谁知，第二天一大早醒来，大雷发现两个大哥哥不见了踪影，而自己随身携带的手机钱包等财物也不见了。他只好孤身一人下山，幸好遇到一位好心的山民将他送往回家的车站。

　　和不熟悉的人一起，从自己待腻了的地方，到一个全新的地方旅行，既充满了新鲜感，也带有很大的风险。因为你不了解对方，不知道他们到底是怎样的人。常言道："知人知面不知心。"很多我们熟悉的人，我们都不一定了解他们的真实内心和人品，更何况那些我们不熟悉的人呢？所以，如果你想去野外旅行，最好和家人或亲戚朋友同去。

　　也许你会说，和家人、亲戚朋友去旅行有什么意思，和不太熟悉的人一起去，才能发展友谊，成为朋友啊。有这种想法的青少年并不少，尤其是青春期的男孩，喜欢结交朋友，不喜欢总是跟着家人，在父母的眼皮子底下被管束着。

可是男孩，你想过吗？如果你连自己的生命安全都不能保障，又拿什么去追求所谓的新鲜刺激呢？作为孩子，不知你是否明白野外旅行的危险性。

首先，和自己不熟悉的人踏上旅途，就足以令人忐忑不安。万一碰到了坏人，那你岂不是更危险？在野外荒无人烟的地方，手机信号不好，万一受到伤害，到时候真是叫天天不应，叫地地不灵啊！

其次，虽然野外风景很美，但丛林茂密、杂草丛生，免不了有毒蛇、蝎子、蜈蚣、毒虫等，万一被咬伤了怎么办呢？万一在野外发生意外伤害，如山体滑坡、摔倒受伤等，又该如何自救呢？这些危险你都想过吗？

当然，如果你全都考虑清楚了，确实想去野外旅行，那你最好注意以下几点：

1.至少约一个熟悉的人同去

如果你想去野外旅行，至少应该约上一个熟悉的人同行。比如，"驴友群"里组织野外露营活动，你和很多"驴友"都不熟悉，但你又特别想去。为了安全起见，你不妨约上自己的好朋友一同前去。这样的话，万一发生了意外，也好有个照应。

2.跟着团队走，切勿独自行动

如果你跟着团队去野外旅行，那你应该牢记一条：不要随便脱离团队，去到人际罕至的偏僻地带活动。你应该让自己时刻处在团队中，这样你的安全性才会大大提高。特别是晚上安营扎寨，最好把帐篷搭在队伍的中间，这样你会更有安全感。

3.记住领队的电话号码

如果是有组织的户外旅行，一般都会有一两个专门管事的人，俗称"领队""队长"。在你对同行人员不熟悉的情况下，你可以跟着领队走，或记

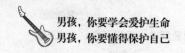
下领队的电话号码。领队户外经验丰富，遇到突发情况往往比你更有应对经验，万一遇到什么危险情况，你可以马上打电话告知领队。

助人为乐也要多个心眼儿，当心掉进坏人的陷阱

男孩，助人为乐是中华民族的传统美德，相信你也从新闻上看到过很多助人为乐的报道。但是，助人为乐也要多个心眼儿，盲目地助人为乐可能会掉进骗子精心设计的圈套。下面，我们先来看一个真实的案例。

2009年6月的一天，武汉江汉区某中学生小李像往常一样背着书包回家。走到路口时，迎面缓缓开来一辆中巴车，一名穿白大褂、戴白帽子和口罩的中年女士问他："小朋友，献血就是献爱心，为社会做贡献，愿不愿意啊？"想到能帮助别人，小李毫不犹豫地答应了。

小李上车后，一名医生模样的男子拿出注射器……抽完血后，小李背上书包回家了。中巴车也立即离开了。

回到家里，小李高兴地跟爸爸讲献血的事。爸爸感到很震惊，他马上打电话向当地的义务献血中心询问此事，得到的回答是：中心不会让未成年的孩子献血，中心也没有中巴车流动献血站。这下，小李的爸爸惊呆了……

类似的做好事受骗的例子还有很多。比如，街头经常可以看到这样的情景：一些流浪儿童趴在地上乞讨，旁边的牌子上写着"家庭贫困，交不起学费而失学，求好心人资助学费"或"父母重病，筹钱给父母治病，请好心人伸出援手"，旁边还贴着学生证。

有些路人觉得他们很可怜，忍不住解囊相助。特别是一些青少年，思想单纯，心地善良，根本没有意识到这是骗术。后来记者追踪调查，才得知这是一种行骗方式。那些乞讨者根本不是在校学生，而是有组织、有计划的行骗人员。这些活生生的案例告诉我们：做好事也要三思而行，切莫让骗子得逞。

如果说苦难的身世和悲惨的遭遇是一种假象，迷惑了有同情心的人，骗走了他们的钱，那也只是损失一些金钱。更有甚者，一些骗子利用人们的善心做非法的勾当。比如，利用孩子的善良，让孩子带路，然后对孩子施暴或拐卖孩子。所以说，当你看到别人落难时，就算你想帮助对方，也要多个心眼儿，避免自己受到不必要的伤害。

那么，当你遇到有困难或主动求助你的人时，你应该怎样避免掉入陷阱，正确地助人为乐呢？

1.出门在外，助人为乐要慎重

我们不否认助人为乐是一种美德，但出门在外，尤其是在陌生的环境下，遇到有困难的人，你在助人时最好慎重一点儿。比如，走在大街上，看到老人摔倒了，你最好先观察一下周围的环境，看周围还有没有大人。如果有大人，你可以向他们呼救，或者拨打报警电话，让民警和医护人员来帮助老人。最好不要盲目上前搀扶，一是避免造成二次伤害，二是以防万一被摔倒的老人讹诈。

2.遇到求助时学会礼貌地拒绝

男孩，当你在路上碰到陌生人问路时，如果你知道该怎么走可以指给对方，但如果对方让你给他带路，甚至让你上他的车给他指路时，你就要小心了。你千万不要上对方的车，哪怕是你非常熟悉或位置不远的地方也不要去。这时你可以礼貌地拒绝对方："对不起，我现在没有时间，我爸爸在那边等我呢！你可以找警察叔叔为你指路，或到前面去问别人！"

还有一种情况，如果陌生人请你帮忙推车，或帮他把东西搬到家里、搬到巷子里等，这样的求助也应该拒绝。首先，你是个孩子，力气有限，对方

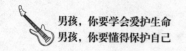

找人帮忙，应该找有力气的人，找你显然不合适。其次，让你帮忙把东西搬到家里或巷子里，有可能是引你上钩。因此，安全起见，你最好拒绝。

3.用正确的方式助人为乐

助人为乐考验的是一个人的人品，也考验着一个人的智慧。社会复杂，人心难测，我们在助人为乐时应该选择正确的方式方法。比如，有人以"钱包被偷，没钱吃饭，好几顿没吃饭了"为由，让你给他钱买吃的。如果你想帮忙，那你应该对他说："可以，我去给你买吃的！"而不应该按照对方的要求给他钱。如果他说不要你给他买吃的，只要你给他钱，他自己去买吃的，那么就说明他是骗子，目的是骗钱，而非真的钱包掉了，没钱吃饭。

当你选对了方法去助人时，你既能弘扬中华民族的传统美德，又不会掉进坏人设置的陷阱。

遇到坏人，要知道"四喊三慎喊"

一天，8岁的男孩淘淘独自走在放学回家的路上。突然，一名陌生男子叫住了他，问他要不要跟他去动物园玩。淘淘拒绝了，男子却纠缠不休，说："动物园里有好多你没见过的动物，跟我去吧！"说着就从背后抱住淘淘朝一辆面包车走去。淘淘一边挣扎，一边大声喊叫。

路人听见淘淘的喊叫，纷纷注视。男子见状，就装作是淘淘的爸爸，对淘淘又打又骂道："你这兔崽子，放学不回家，还在外面瞎晃荡，看我不打死你！"路人以为这是爸爸在教训儿子，就没当回事，漠然地离开了。

这时淘淘急中生智，对一名走过来的男士大喊道："爸爸，你快救我！"男子真以为淘淘的爸爸来了，赶紧放下他，逃之夭夭。

淘淘的表现真是太机智了，在遇到坏人的时候，不仅知道大喊大叫吸引路人注意，还知道关键时刻喊什么才能镇住陌生人。所以，他才能虎口脱险，安然无恙。

如果有一天，你在外面遇到坏人，对方企图带走你，或抢你身上的财物时，你知道该怎样自救吗？你可能会说："跑得掉就跑，跑不掉就大声喊救命！"

但是这样真的有用吗？这还需要具体问题具体分析，也就是说，有时候应该喊，有时候不能喊，如果你在不该喊的时候大喊，反而会激怒坏人，给你带来危险。

那么，什么时候该喊，什么时候不该喊，或者说应该怎样"慎喊"呢？有人总结了一个喊叫的诀窍，叫"四喊三慎喊"：

1.家人在旁高声喊

当你被坏人骚扰、侵害时，如果家人在一旁，那你应该大声喊，把家人喊过来帮忙。坏人看到你有家人在场，就不敢轻举妄动了。

2.三两同学高声喊

男孩，你一定要记住：有同学结伴时要喊。比如，放学回家的路上，三三两两的同学一起同行，你走在后面，被坏人骚扰了。这时你可以大声喊，把同学喊过来帮忙，一起对付坏人。坏人看到你们人多，肯定会有所忌惮。

3.白天人多场合高声喊

如果光天化日之下，你遇到了坏人，那你不用怕，大声呼喊就可以。因为白天是活动高峰期，会有很多人在外面活动，人间处处有正气，只要你喊出来，多数情况下能吸引周围人的注意，也会有人来帮忙。这时，坏人就会成为过街老鼠，人人喊打。

4.旁有警察高声喊

当你遇到骚扰、侵害时，如果不远处有民警、交警、巡警，你就可以

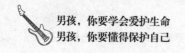

放心大胆地喊。坏人见到警务人员，往往就像耗子见到猫，肯定会吓得撒腿就跑。

5.天黑人少慎高喊

夜黑风高的时候，外面的人少，如果这时你遇到了坏人的骚扰和侵害，那你就不宜高喊了。因为周围没有什么人，天又黑，你高声呼救很容易引起坏人激情伤人甚至杀人。因此，为了安全起见，这时最好不要高喊。你可以先顺从坏人，等到发现不远处有人时，再呼喊救命。这样获救的成功率就高很多。

6.孤独无助慎高喊

面对突如其来的坏人，如果当时只有你一个人，没有帮手，你就陷入了孤立无援的境地，此时你最好不要高声呼喊。

7.直觉危险慎高喊

人都有直觉，当你看到对方是个大块头，着装另类，手臂上有纹身，手里还拿着棍子或刀子时，该不该喊？这时候你的直觉会告诉你：如果大喊救命，会激怒对方，给自己造成生命危险。那么，在这种情况下，你千万别喊，而应该先稳住情绪，冷静下来，表现顺从，让对方放松警惕，再找机会逃脱。

在了解"四喊三慎喊"后，你还应该知道喊什么最能引起周围人的注意，最容易获得帮助。下面我们就简单地分析一下：

1.楼道遭遇抢劫，大喊"着火了"

如果你在楼道里遇到抢劫，特别是傍晚的时候，这时候最好别喊"救命啊，有人抢劫"，而应该喊"着火了，着火了"。为什么？因为人们听到"抢劫"，首先想到的就是劫匪凶残，手里很可能有刀，大家也怕受到伤害，所以不敢贸然出来搭救。而听到"着火了"，首先想到的就是火势可能蔓延到自己家，危及自己的生命安全，所以会马上出来观察火情。劫匪看到左邻右舍都出来了，自然会落荒而逃。

2.路上遭遇小偷，大喊"谁的钱包掉了"

如果你走在路上，遇到小偷偷东西或抢东西，最好不要喊"抓小偷啊"，可以试着喊"谁的钱包掉了"，为什么呢？因为你的东西被偷，大家听了可能不以为然。但"谁的钱包掉了"，就特别引人关注了，大家听到你的喊叫，就会纷纷驻足围观。

3.遇到冒充家人强行带你走的情况时，啥也别喊，而要制造混乱

近年来，网络上流传着一些人贩子冒充受害者家人，强行带走孩子的视频。暂且不论这种情况是否真的存在，它至少给我们提了一个醒，那就是如果这种事情发生在自己身上，该怎么去应对。

如果你大喊大叫，说："我不认识他，他不是我爸爸（妈妈），快救我！"对方会说："你这孩子不听话，还满口假话，看我怎么治你！"这样路人以为是大人在教育小孩，也就不会在意了。

正确的做法是，啥也别喊，直接制造混乱。比如，扯住路人的衣服或包包，摔坏路人的手机，推倒路边的小摊，甚至可以猛踢停在路边的小汽车，引起司机的不满。这样的话那些财产损失者绝对不会放你走，而且会找冒充你家人的人贩子赔钱，到那个时候，想逃走的人就是人贩子了。即便最后他们逃走了，你要赔偿路人的损失，相对于保护了自己的人身安全而言，赔点钱也是值得的。

亲朋好友也要防，识别各类传销骗局

男孩，你听说过"传销"吗？传销是一种诈骗行为，其本质是"庞氏骗局"，运作模式就是"拆东墙补西墙"或"空手套白狼"。早在1998年4月21

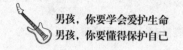
日，我国政府就已宣布全面禁止传销，2005年11月1日起正式施行《禁止传销条例》。然而时至今日，传销骗局依然存在。所以，你不要以为传销离你很远，可能它就在你身边。

2012年7月，浙江省宁波市鄞州工商联合公安部门，在当地捣毁了3个传销窝点，一举解救了30人，其中竟有25人是青少年。当被询问"怎么会误入传销窝点"时，这些青少年的回答如出一辙："在网上认识的网友说，可以介绍高薪工作，于是就来了。"

被查获的3个传销窝点，均采取"人传人""上线发展下线"的模式行骗。新人加入时必须购买2套产品（2800元/套），然后才能晋升为业务员。业务员必须购买9套产品，才能晋升为业务代表。业务代表必须购买64套产品，才能晋升为主任。主任必须购买392套产品，才能晋升为经理……

发展的下线传销人员越多，级别就会越高，获得的提成比例就越高。据说经理级别的人每个月可以获得11.9万元的收入，一年净收入上百万元。而业务代表每卖出一套产品，能获得300元的提成。但是究竟卖的是什么产品，他们却一无所知，因为他们没有见过产品。传销组织宣称，只有主任、经理级别的人才能看到产品。

每个人都有发财梦，都渴望获得更多的金钱，以满足自己更多的物质需求。青少年也不例外，虽然这个年纪本该在学校好好学习，但一部分人会认为如果有赚钱的机会，无论如何都不能错过。

可世界上哪有那么容易赚的钱？诱饵里面，往往是残忍的钩子，一旦上了钩，你就很难逃脱。传销组织正是利用人们渴望暴富的心理，诱使人们进入骗局。而进入骗局中的人，很快就会被组织洗脑，然后再蒙骗身边的人入伙，最终一个拉一个，把亲友拉下水。

2014年5月8日，河南一名大学生孙某被好友骗至一出租屋后，由于他始终不肯加入传销团伙，几名传销骨干对他拳打脚踢，并采用了开水烫、毛巾遮脸用水淋、鼻孔插香烟等一系列折磨方式。最终，孙某在他们的虐待下丧生。

传销组织之所以猖獗，就是利用了熟人或亲友的信任进行"拉人头"式的欺骗，然后将受害人骗至外地并加以控制，导致受害人轻者钱财散尽，重者就会像案例中的受害人那样，被活生生害死。

因此，当你收到亲友或同学拉你赚钱或请你去外地旅游时，一定要"三思而后行"，因为很多传销团伙都是以亲友的名义拉人下水的。所以，为了自己和家人的幸福，一定不要上当受骗，即便是自己的亲朋好友也要提防。

可一旦误入传销组织怎么办呢？这里给你以下几点建议：

1.记住地址，伺机报警

男孩，当你被带到一个陌生的地方被控制人身自由后，首先要掌握自己所处的具体位置。如果不能掌握，可以查看附近的标志性建筑或商铺的名字，比如暗中记下一些饭店、商场的名字等，以便伺机报警。

2.借助外出活动时中途逃离

男孩，传销组织每天都会有一些户外活动，在这个过程中往往随行人员相对较少，这时可以抓住时机逃离，甚至还可以向保安或路人求助。

3.必要时可以装病，以寻找逃离机会

男孩，你可以想尽一切办法寻找逃离的机会。比如装病，但要装得像，不能被对方看出破绽，然后趁外出就医的机会逃离。

4.通过纸条求救

男孩，在很多逃出传销组织牢笼的案例中，都是通过"纸条求救法"实现的。比如，从窗户往外面扔纸条，路人捡到纸条，一般情况下会选择报警。这样你就可以获救。此外，如果没有外出逃跑的机会，为引起路人注

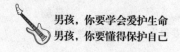
意，还可以将求救信息写在钞票上，然后趁人不备从窗户扔下。

5.骗取对方信任，寻找最佳逃离时机

如果实在走不掉又被看得很紧，可先伪装自己以骗取对方的信任，让他们放松警惕，最后再寻找机会逃离。

总之，当你面对如"过街老鼠，人人喊打"的传销组织时，一定要提高警惕，保持清醒的头脑，避免上当受骗情况的发生。而一旦不幸误入传销组织，你也要机智勇敢，在保证人身安全的前提下，想办法逃离。

第四章

对待陌生人，
你不能太单纯

男孩，你知道吗？多年前有一部热播电视剧《不要和陌生人说话》，这个剧目深入人心。为什么不要和陌生人说话呢？因为相对于熟人而言，陌生人充满了很多未知和不确定性，存在更多的潜在危险。所以面对陌生人时你一定要小心、谨慎，不能太单纯。比如，谨慎对待陌生人的来电，陌生人问路要警惕，不要轻易送陌生人回家，等等。

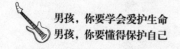
谨慎地对待陌生人、非正常的来电

男孩，也许你不知道，现在有一部分别有用心的人利用各种渠道来获得人们的手机号码、年龄、职业、家庭住址等私人信息，然后再通过售卖来牟利，电视新闻上就曾经报道过个人信息泄露的案件。你的手机号码也可能在无意中被泄露给了陌生人，因此对待陌生来电，一定要多一分警惕，多一分小心。

2018年7月的一天，贵州省六盘水市一名15岁男孩（小聪）在家看电视，当时妈妈买菜去了，爸爸也上班了。突然，小聪的手机铃声响了，一看是个陌生号码打来的，小聪犹豫了几秒，还是接通了电话，电话那头传来略带责备的口吻："你怎么才接我电话啊，老同学！"

小聪感到奇怪，说："你是谁啊，我不认识你啊。"

男子说："你的号码是139×××××××吗？"

小聪说："号码没错，但是我不认识你。"

听到小聪有挂断电话的意思，男子急急忙忙地说："你先别挂电话啊，虽然打错了，但也是一种缘分，就聊会儿呗。"小聪一想好像也有道理，于是就跟对方聊了起来。

男子跟小聪说他叫赵文峰，是一家酒吧的老板，还说小聪如果想在暑假打零工赚钱，他可以提供兼职机会。小聪一听，感觉这人还挺实在，而且他也有打零工赚钱的想法，所以就和对方火热地聊了起来。

这天下午，小聪和赵文峰在当地某酒吧见面，商谈暑期打工的事情。落座后，他们简单吃了点东西，喝了点饮料，可没过一会儿，小聪就晕乎乎的了。等他清醒过来之后，赵文峰早已不见了踪影，再一摸口袋，他发现自己的手机不见了……

男孩，看到这个案例的时候，你是否意识到陌生来电可能潜藏的危险呢？相信你也收到过陌生来电，有的是因为号码相似，一不小心拨错了，纯属无心之过；有的是各种广告、推销电话；还有的则是各类诈骗电话。

那么，面对陌生来电，你应该怎么应对呢？不妨看看以下几点建议：

1.最好不要接听陌生号码的来电

男孩，你要明白，你所熟悉的、认识的人一般情况下都会在你的手机通讯录上有记录。当他们来电时，手机上会自动显示他们的姓名。所以，当你看到的来电显示只有号码，没有名字，甚至是未知号码时，最好不要接听。如果对方三番五次打过来，也有可能是熟悉你、但又没有你电话号码的人，在这种情况下可以接听。接听后，如果发现对方是陌生人，且没有正当的事情，那你最好果断地挂断电话。

2.错过的陌生电话，不要急于回拨

有的时候你可能会发现自己的手机上显示有陌生号码拨打过电话，但是你却没有接听到，那么你的第一反应是什么？回拨？不，这可不是一个好的选择。也许你担心自己错过一些重要的电话，但你是否想过：如果对方真的有事找你，他肯定还会再打过来，而不是只打一次。所以，不要急于回拨过去，试着等等看，等这个号码再次拨打过来，再接听也不晚。否则，你可以视其为非正常来电。

3.反复拨打的陌生号码可以接听

当一个陌生的号码反复拨打你的电话时，你不妨接听一下，但是不要急于开口说话，要让对方先说。如果是陌生的声音在向你推销、行骗，抑或是

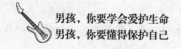
搭讪等，直接挂掉就可以了，不需要跟他们聊很多，更不能出于不好意思有问必答。虽然这种处理方式简单粗暴，但却是防止被骗、减少时间浪费最有效的办法。

4.小心熟人用陌生号码打来的电话

当你接到陌生号码的来电时，发现对方是熟人，那你最好问清楚对方换号的原因。尤其是你很久没有联系的、曾经认识的人突然用陌生号码打来的电话，你更要谨慎判断他的话语中的真实性和可靠性，不要因为曾经认识，或者说是熟人就盲目地相信对方。

最后，需要提醒你的是：当你接通陌生来电时，千万不要随意透露自己的信息，包括姓名、家庭住址、所在学校以及父母是否在家等，以免给自己留下安全隐患。

不要被陌生人的夸赞冲昏头脑

男孩，每个人都喜欢被人夸奖，这是人的天性，相信你也不例外。但是，当陌生人频频夸奖你时，你最好保持清醒的头脑，不要被那些花言巧语给迷惑住，以防意外发生。

2017年8月13日，炎热的暑假里诚诚在家实在无聊，爸爸妈妈又都上班去了，于是他决定去隔壁小区找同学玩。下楼之后，走出自己小区的大门，穿过一条300米的繁华街道，就能看到同学家所在的小区。

可就在这条街上，诚诚被一个中年女士叫住了。对方先是以问路的方式和诚诚搭讪，诚诚礼貌地告诉她要找的地方后准备离开，对方却向诚诚表达了友好的赞美："你真是个懂礼貌的孩子，真羡慕你妈妈有你这样的好儿子！不像我儿子那样。"

诚诚被夸得心里美滋滋的，同时也感到好奇，他忍不住问中年女士："阿姨，难道你孩子不懂事吗？"只见阿姨一声长叹，面露抑郁之情，随后把自己孩子的调皮往事娓娓道来。诚诚安慰道："没事的，相信以后他长大了就会懂事了！"

阿姨听了这话，再次夸奖诚诚："你真懂事，不仅礼貌，还懂得关心和安慰人。实话跟你说，阿姨是一家医疗器械公司的销售员，看你就是个孝顺的孩子，要不买个按摩器给你的爸爸妈妈，表达一下你的孝心？"

"多少钱啊？我可没什么钱！"诚诚怯怯地问。

"不贵的，只要100多块钱！"在阿姨的一顿夸赞和洗脑下，诚诚掏出了身上仅有的150元钱买了一款颈椎按摩器。晚上当他把按摩器拿给爸爸妈妈试用时，才发现这是一个伪劣商品，几乎没有什么按摩作用。这时诚诚才意识到自己被骗了。

对于诚诚来说，他自以为遇到的是一个能看到自己的闪光点的阿姨，却不知道阿姨是别有用心的。诚诚的遭遇印证了一句谚语，即"无事献殷勤，非奸即盗"。当一个人对你百般讨好、甜言蜜语时，必定是有目的的。要么是有求于你，想从你那里得到什么好处，要么就是图谋不轨。熟人如此，陌生人更是如此。

男孩，其实你的心里对于自己的优点还是比较清楚的。当别人夸奖你的时候，那些话有几分是真，有几分是假，你也是能够判断出来的。问题的关键在于，面对这些夸奖时你能不能保持清醒的头脑和足够的警惕，不被对方牵着鼻子走，不会掉入对方设置的圈套中。

如果你不能保持清醒的头脑，对待别人的夸赞一味地接受，那么就很容易被别人的几句奉承话给迷惑住，被"夸"得轻飘飘，不知道所以然，最终

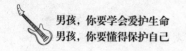
上当受骗。在我们身边，不只是像诚诚这样纯真、年纪小的男孩会被花言巧语所迷惑，就算是成年人都有可能在别人的一顿猛夸中头脑发热，从而失去理智被骗。

那么，你应该怎样应对陌生人的夸奖呢？

1.一笑置之，不要当真

陌生人对你的夸奖不一定是真的，很可能只是一种敷衍，甚至是一种迷惑。因此，如果有陌生人对你赞不绝口时，你一定要提高警惕，仔细分辨对方献殷勤背后的动机，切记不要心安理得地去接受。你不妨一笑置之，不往心里去。

2.言多必失，少说为妙

一般来说，陌生人夸奖你，是想赢得你的好感和信任。而那些心怀不轨，另有企图的陌生人，其对你绵延不绝的夸奖背后，还有另一种目的，那就是让你说出关于自己的更多的信息，以便进一步迷惑你。因此，面对陌生人的夸奖及赞美，你最好少搭话。你可以礼貌地终止谈话，比如说："对不起，我还有事，我要走了！"切莫有问必答，透露自己的隐私。

3.不要答应对方的请求

一般来说，心怀叵测的陌生人在对你过分献殷勤之后，往往会向你提出一系列的请求。比如，那个阿姨在夸奖诚诚之后，就提出让诚诚买个按摩器。如果你碰上这样的人，千万不要因为不好意思，抹不开面子而答应对方。正确的做法是，告诉对方，你还有自己的事情，或者爸爸妈妈在等你，然后果断拒绝。

除了对陌生人的夸奖要心怀防备，对熟人张口闭口就夸奖你、无端献殷勤的行为，你也应该保持警惕。千万不要对他们过于信任，以免给对方可乘之机。

陌生人搭讪、问路要警惕

男孩，你遇到过陌生人和你搭讪、向你问路的情况吗？遇到这种事情，你是否会热情地指路，甚至为他们带路呢？其实，这看似是一件不起眼的小事，但也可能潜藏着一定的危险。因为有些坏人在作案之前，往往先以搭讪、问路等为切入点，然后突然实施犯罪计划。

2017年3月29日，黑龙江省某地曾发生过这样一个案件：

一天下午，初二男生小力（化名）放学回家。当他走进小区，快到自家楼下时，遇到一个小伙子。小伙子微笑着和小力打招呼，向小力打听楼上是否住着一位残疾老人，还说自己是单位派来给老人送慰问金的。

小力家住4楼，他想到5楼的王大爷确实是残疾人，莫非对方找的就是王大爷？于是，小力热情地为小伙子指路，两人一边上楼梯一边聊天，期间小伙子还打听小力家是否有人在家。

当他们走到4楼时，小伙子一个劲地向小力道谢。可就在小力掏出钥匙打开家门的瞬间，小伙子突然露出了凶恶的一面：他用力把小力推进屋，捆绑起来，并用胶带封住了小力的嘴巴，然后把小力家的现金、首饰等贵重物品洗劫一空。

类似的案件在其他地方也发生过多起。犯罪分子把孤身一人、脖子上挂着钥匙的中小学生作为目标，或以问路为幌子，或尾随走进楼道，趁他们开门之际冲进屋抢劫。男孩，这类案件提醒你，遇到陌生人问路或尾随时，一定要多留一个心眼儿。

要知道，陌生人对于你来说本来就是一个未知的存在，无论何时都要谨慎地对待他们的搭讪和问路。不要因为对方是耄耋的老人，也不要因为对

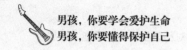

方是和蔼可亲的阿姨，抑或是个天真无邪的小孩，就盲目地、无条件地相信对方，忘记了自身的安全。再说了，正常情况下，人们问路时会首选成年人，而不是孩子。就这一点而言，遇到陌生人向你问路，你就应该高度警惕。

当然，如果真的遇到需要帮助指引道路的陌生人，我们还是要伸出援助之手的，但是一定要注意方式方法，切不可热心过度，以免给自己带来伤害。具体而言，下面有几点建议：

1.指路时要与陌生人保持安全的距离

男孩，当你给陌生人指路时，切记不要过于靠近，要与他们保持一定的距离。你只需要远远地用手指来指点方向即可，不必在陌生人的身边告诉他。这样万一发生了危险，你还有反应的时间和逃跑的空间。

2.告诉对方用手机导航查找目的地

现代信息技术非常发达，很多智能手机都可以随时导航、搜索地图。当有陌生人向你问路时，你可以提醒他们用手机自行查找目的地。但是，你一定要记住，不能亲自上前去帮助陌生人操作手机。

3.不要给陌生人带路，更不能上陌生人的车

男孩，助人为乐，适当地给问路的陌生人指引一下方向就可以了，你千万不要主动带路，更不要坐上陌生人的车来给他们指路。当陌生人提出不认识路，不清楚该怎么走，希望你帮忙带路时，更要提高警惕。你可以告诉对方："如果你还是不清楚的话，可以到下个路口继续问别人。"

4.如果对方纠缠不休，要及时向路人、交警、保安等求救

男孩，当你已经表明自己不清楚具体的路线，或者不给对方带路时，对方如果还继续纠缠你，不要犹豫，要立刻大声呼喊，引起路人的注意，或者尽快跑到热闹的人群中、交警身边、大型商场或者超市里有保安的地方。

5.如果不慎被坏人带走，一定要冷静

男孩，如果不慎被陌生人强行带上车，你一定要保持冷静，不要大吵大闹，以防激怒坏人使自己受到不必要的伤害。你要默默地记下坏人的相貌特征、车牌号码及沿途的道路和标志性的建筑物等。同时，寻找时机拨打110报警电话，或者寻找借口，比如上厕所要下车等，然后乘机逃跑。逃跑途中，你还可以沿途丢下自己的随身物品，引导家里人寻找和警察施救。

识别陌生人的骚扰，不要上当受骗

男孩，在你成长的过程中会碰到无数的陌生人，他们有可能会向你咨询某件事情，有的时候还会找各种话题与你搭讪、聊天，这时你要擦亮眼睛，识别他们的骚扰，千万不要上当受骗。

2018年9月18日晚上6点左右，武汉市民周先生正在厨房里做饭，突然正在上高中的儿子小周发来一条微信，内容是：爸爸你过来一下。周先生很纳闷，正想问儿子发生了什么事，儿子又发来一条信息：过来，报警！

周先生边往楼下跑，边给儿子打电话。在连续打了几个电话后，儿子终于接电话了，他说有人对他动手动脚。随后儿子发来骚扰者的照片和所在的定位，周先生慌忙开车前往儿子发来的位置，同时报了警。

周先生和民警赶到事发地时，看见马路对面的儿子和骚扰他的陌生男子。当他大声呼喊儿子时，陌生男子循声看过来，发现了民警后，扭头跑掉了。虽然最后民警没有追上陌生男子，但看到儿子平安无事，周先生揪着的心总算放了下来。

那么，小周为什么会跟陌生男子走呢？经了解，事情是这样的：

小周放学后坐公交车回家，当时车上人不多，他坐在后排，戴着耳机听

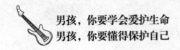

歌。后来一名中年男子上了车，径直坐到他身边，还和他攀谈起来。没想到陌生男子说着说着，就开始抚摸他的头和脖子。他感到不对劲，就给爸爸发微信。

让人啼笑皆非的是，小周为了搞清楚男子的居住地，竟然跟着男子一起回了家。进入对方家里后，男子对他说，"男人要放得开，公交车上的事情不要和家长说"。当小周告诉男子已经把此事告知爸爸，并且爸爸已经过来接他时，男子便把他送下楼。这时爸爸和民警正好赶到……

小周说，他知道爸爸报了警，所以跟男子去家中也不害怕，但他的举动却让周先生感到后怕不已。

世界之大，无奇不有。你所遇到的陌生人，也许是心理有问题的变态狂，也许是残忍的暴力狂，也许是财迷心窍的大骗子。他们可能假冒身份，比如说是你爸爸妈妈的朋友、同事，骗取你的信任。如果遇到这种情况，务必要利用自己的手机，或者借用公用电话，先跟父母核实一下，千万不要单纯地认为只要陌生人所说的关于你爸爸妈妈的个人信息，或者关于你的信息准确无误，就轻易地跟着对方走。要知道，这些人如果以你为目标，那必定是有预谋的。

还有的陌生人则通过多次搭讪、聊天的方式，慢慢取得你的信任，让你认为这个"陌生"的人已经是自己熟悉的人了，于是就放松了必要的警惕，给坏人以可乘之机。对于你这个年龄段的孩子来说，要练就一双识别陌生人骚扰的"火眼金睛"并不容易，也非一朝一夕之功。不过，通常而言，有目的、有企图地骚扰你的陌生人通常都会露出一些蛛丝马迹，比如：

1.与你套近乎

心怀叵测的陌生人会想方设法地找各种你感兴趣的话题与你聊天，激起你说话的欲望，并且不断地套取你的个人信息，比如在哪里上学、多大了、家在哪里，等等。

2.邀约外出

这些人常常跟你稍微一"熟悉"就会很"诚恳"地邀请你出去玩、吃饭，说出的话仿佛都是在为你考虑，其实就是想尽办法把你骗离公共场合，骗离人群，好对你下手。

3.提出貌似合理，却经不起推敲的请求

心怀叵测的陌生人在搭讪后，常常会提出一些要求，比如让你带路或者帮忙。这些要求看似没什么问题，实际上如果你冷静下来，深入思考一下，就会发现非常不合理。因为在正常的情况下，一个年轻力壮的成年人怎么会找一个羸弱的小孩子帮忙呢？所以，你一定要保持头脑清醒，这样才不会轻信对方。

那么，男孩，当你遭遇陌生人的骚扰时，该怎么办呢？

1.远离他们

无论他们跟你说什么，聊什么，你都不要理睬，赶紧离开他们，向人流量大、有保安或者警察的地方跑，比如商场、超市，或者跑向路边执勤的交警，等等。

2.大声呼救

男孩，一旦你遭遇到陌生人的强行拖拽、拉扯，无法报警时，那么一定要大声呼救。如果是在封闭的空间，就直接喊"着火了"，这样大家都会跑出来。如果是在路上，向周围的人大喊"人贩子，快打110"，表明态度，告诉路人，你根本不认识他们，你们不是一起的。

3.立刻报警

俗话说：做贼心虚。这些居心不良的人是不希望被更多的人发现自己的恶劣行径的。所以，男孩，当遇到骚扰你的人时，你一定不要害怕，要战胜内心的恐惧，大声地呵斥他们，用你的气势压制他们，当然前提是要确保自身的安全。同时，趁机拿出随身携带的手机报警或请求路人帮你报警。

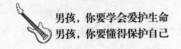
4.学会"找茬"

现在的社会，往往有的人会心存冷漠，抱着"事不关己，高高挂起"的态度，但涉及自己的利益时，他们就不会善罢甘休。因此，万一你遇到冷漠的路人，对于处在危险中求助的你无动于衷时，你可以想办法"找茬"，故意制造混乱和麻烦，以便阻挠试图伤害你的人。比如，抢路人的手机、背包，把他们强行牵扯进来，或者破坏旁边店铺的财物，引起利益纷争，动静闹得越大越好。这样路人就无法忽视你，从而促使他们报警。

男孩，无论遇到什么样的险情，你一定要保持冷静，不要害怕，冷静的头脑可发挥巨大的精神力量，并有助于你快速想到应对的策略。

不要向陌生人泄露个人信息

男孩，相信你绝对不会有意地泄露自己的个人信息，但是，仔细想想你有没有在无意中做过这样的事情呢？比如，在网上注册QQ、微信等社交工具账号时，使用的是否是自己的真实信息，并且资料填写得非常全面、详尽？在与陌生人聊天的时候你会不会无意中透露自己的行踪？下面来看一个案例。

16岁的张峰是一名高三学生，2018年寒假期间，妈妈给他买了一部手机。从此，他成了"低头一族"，在各个聊天APP上与朋友积极互动。这天，他看到一个朋友在微信群发的帮忙砍价的链接，出于给朋友帮忙的目的，想都没想就点了进去，并输入了自己的手机号码，页面也显示"您已帮朋友砍了××元"。

几天后，张峰身边的多位朋友都收到了一条留着他姓名的诈骗短信。信息内容大意是：我手机欠费了，给我充30元话费，明天就还你钱！没想到有个朋友还真中招了，事后朋友找他询问此事，他才意识到个人信息被盗用了。张峰怀疑，自己和朋友的信息很可能就是在几天前的砍价活动中泄露出去的。

男孩，例子中的张峰和他朋友的个人信息之所以被盗用，就是因为他在网上泄露了个人信息。这个案例告诉我们，平时一定要注意保护个人隐私。如果天真地以为别人都和自己一样善良，你就很容易把自己置于险境之中。

也许你会说："我没有泄露个人隐私，为什么还经常遭到陌生人的骚扰呢？"殊不知，在网络信息高度发达的今天，你的信息经常会在你浑然不知中泄露出去。在英国，脸书有850万名用户，其中41%的人会将自己的出生日期、家庭住址、职业以及工作情况等信息泄露给陌生人，近一半的用户都没有意识到在社交网站上的坦诚会给自己带来安全隐患。

当你的个人信息被泄露时，你就仿佛置身于一个透明的世界里，垃圾短信、骚扰电话、诈骗团伙、犯罪分子就会悄然地盯上你，将你设定为他们的目标。你自己想一想，是不是感到不寒而栗呢？所以，无论何时都一定要有安全意识，要有自我保护的警觉性，千万不要向陌生人、陌生的平台泄露自己的个人信息。

男孩，随着现代科技的发展，犯罪嫌疑人也有了更多的犯罪手段和方式来获取别人的信息，希望你能远离以下这些套取个人信息的陷阱。也许你认为这些都是无伤大雅的行为，但是却很容易将你的隐私暴露在陌生人面前。

1.不随意参与网上的测试

在网络上或者朋友圈里常常流行一种测试，比如测试你的性格是怎样的、你的前世是谁、你是某热播剧中的谁，以及你的姓名代表什么样的含

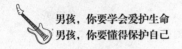
义、有怎样的运势等，如果想知道结果，你必须填写姓名、出生年月等个人信息。表面上看，这些测试好玩又有趣，是大家自娱自乐的一种方式，实际上你的个人信息已经被毫无保留地套取了。

2.不随意参与线上线下的各种调查问卷活动

随着市场经济的发展，越来越多的商家为了提升客户体验，赢得更多的客户，总是会向人们发放一些调查问卷。有的是线下的，常常会有专门的销售人员来向路过的人们征询填写问卷。有的则是线上的，很可能你在浏览网页时就一下子弹了出来。男孩，你一定要谨慎参与这些调查问卷。也许你会说，反馈一下自己的体验，让更多的人受益不是很好吗？不是你的想法不好，而是在填写这些问卷时你至少要注意保护个人的隐私信息。

3.注册网络账号，不填写个人敏感信息

现在的网络社交工具越来越多，而且我们需要通过网络进行的活动也越来越多。当你在网站或软件上注册时，记住只填写必填项目，那些涉及个人信息的内容，比如性别、年龄、姓名等，能不填则不填。千万不要毫无保留地把所有选项都填写完整。

4.不随便扫码

随着二维码技术的普及和应用，"扫一扫"随处可见。尤其是各种商家更是做了很多"扫一扫"送小礼品的促销活动。男孩，如果你遇到这种活动，可不要为了领取令自己心动的小礼物就毫不犹豫地用手机扫描各种商家的二维码，甚至如实填写姓名、住址、电话等个人资料。要知道天下没有免费的午餐，很多时候你得到的只是些用处不大的小物品，然而给出去的却是你最宝贵的个人隐私信息。

5.不随意丢弃写有个人信息的纸张、书本

男孩，不知道你对带有自己的姓名、班级、学校的废旧纸张、本子、书等是如何处理的。无论如何，你可能想不到这些东西也很可能成为别有用心的犯罪分子用来拼凑你私人信息的材料吧。所以，如果再有这类写有个人信息的纸张、书本时记得一定要妥善处理、彻底销毁，不要让别人看出这些相关信息。

陌生人上门，一定要谨慎对待

男孩，现在有不少家庭，父母都要上班，老人又不在身边，在寒暑假或小长假期间，不少孩子选择一个人留守在家，或做作业，或看看电视、玩玩电脑。相信你也有过独自在家的经历，当你遇到陌生人敲门的情况时，你是怎样处理的呢？

也许你会不假思索地开门，想着敲门的人可能是邻居、同学，或送快递的叔叔。我们当然不能排除这种情况的存在，但很多时候，敲门的陌生人可能是上门推销的推销员。你们这些孩子往往经不住劝说，可能会购买陌生人所推销的产品。

暑假期间，夏辉独自在家看电视，这时门铃响了，对方问了夏辉一些问题：眼睛近视吗？近视度数是多少？还介绍了他们公司的眼部按摩仪，问他是否要试一下？在试用一番后，夏辉居然被对方说服以500元买了这款产品。

对此，有关专家建议，暑期孩子独自一人在家，遇到陌生人敲门或询问，要先问清楚情况，与父母进行确认后再做决定。最好不给陌生人开门。

男孩，如果你只是被推销人员哄骗购买了产品，那倒也没什么大不了的，毕竟只是损失一点点金钱。但如果碰到心怀歹意的人，而你又没有任

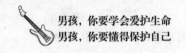

何防范意识，那后果可能就很严重了。我们不妨看看下面的案例：

2018年"五一"小长假期间，南京市鼓楼区一居民家中发生了一起入室抢劫案：

当天，小田的爸爸妈妈去单位加班了，只有他一个人在家。他一边在电脑上看电影，一边和同学阿帆聊QQ，阿帆说等会儿来他家玩。

没过一会儿，小田就听到有人敲门，他想肯定是阿帆来找他，所以就不假思索地开了门。没想到敲门的是一个陌生男子，他笑着向小田打招呼道："小朋友，你好啊！我是你爸爸的同事，他在家吗？"

"他去单位加班了，你找他有事吗？"

"那你妈妈呢？我跟你妈妈说也一样！"陌生人说。

"我妈妈也不在家，你明天再来吧！"说完小田准备关门。就在这时，陌生男子冲进了屋内，迅速将小田控制住，然后，把家里贵重的财物洗劫一空。

在这个案件中，犯罪分子之所以得逞，主要的原因是小田独自在家时对陌生人毫无防备意识。在听到敲门声后，他不仅先开了门，而且见到陌生人后，没有及时关上门。更严重的是，他居然轻易向陌生人透露"爸爸加班去了，妈妈不在家"这样的信息。这不就等于告诉犯罪分子：现在正是作案的好时机吗？

男孩，通过这个案例，你得到了什么启示呢？是不是意识到对待陌生人上门一定要多加防范，谨慎对待呢？那么，当你独自在家听见有人敲门时，你知道该怎么做吗？

1.先不要开门，而是检查门是否反锁

当你独自在家听见敲门声时，你首先应该做的不是去开门，而是检查门是否反锁。这一步非常关键，因为有可能你的门是虚掩的，门外的人敲门

只是为了一探虚实，看室内是否有人，以及是否有大人。因此，当你发现门是虚掩的时，先不要管外面的人是不是熟人，一定要快速将门拉上，然后反锁。

2.问清来人是谁，来找谁，有什么事

把门反锁之后，你可以问来人是谁，再问对方找谁。你也可以透过猫眼观察敲门者，如果是熟人，你可以开门。如果是陌生人，那你就要认真"审问"一番了。对方可能会说"我是送快递的"，也可能会说"我是你爸爸的同事"或"我是你妈妈的朋友"。记住，千万不要轻易相信。

如果对方说他是送快递的，你可以说："你把快递放在门口吧，等会儿我再拿！"如果对方说有事找你的爸爸妈妈，你可以说"你打他们电话吧"或"你把姓名、联系方式留下，我让他们联系你"。总之，只要你不认识对方，就不要开门。

3.如果来人纠缠不休，不肯离开，请报警

如果敲门的陌生人纠缠着不肯离开，并以种种借口劝你开门，你千万不要开门。如果你感觉对方在撬门，可以立即打110报警。如果手头没有电话，你可以到阳台上去呼救，呼叫邻居来帮忙或打电话报警。一般来说，做贼者心虚，一旦你呼救或报警，他就会溜之大吉。

当心坏人，也要当心"善意的好人"

男孩，当你在外面遇到危险或者意外时，难免会心慌意乱，很容易把遇到的任何人都当成救命稻草。但是，我们必须提醒你的是，千万不要轻信那些在你危难之时及时出现的人，他们并不一定都是好人。

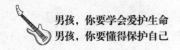
2017年12月17日，小罗的爸爸出门办事了，妈妈也出门买菜了，只留他一人在家。突然有一名陌生女子来敲门，她背着一个清洁包，外衣上套着一个志愿者的红背心，说是做志愿活动，免费为本小区的各业主清洗油烟机。小罗觉得陌生阿姨面相和善，加之是免费上门服务，就让她进了家门。

一进门，陌生女子就直奔厨房，把抽油烟机的油缸卸下来清洗，手脚非常麻利。可没洗几分钟，她就和小罗拉家常，说得最多的就是她手上的这款清洁剂：我这款清洁剂除油效果特别好，要不买几瓶？你妈妈做饭那么辛苦，有了这种清洁剂以后你妈妈清洗油烟机就不那么辛苦了，你家厨房也不会有很多呛鼻的油烟味了。"

陌生女子还说："有了这款清洁剂，以后也不需要清洗人员上门了，这次花点钱，以后几年内可以省下不少钱。"小罗在陌生女子的劝说下，想着反正也不贵，就买几瓶吧，正好自己的微信钱包里还有两百多块钱。就在他准备付款的时候，出去买菜的妈妈回来了。了解事情的经过后，妈妈果断地拒绝了陌生人的推销，并礼貌地"送客"。

小罗不明白：清洁剂那么好，为什么妈妈不要呢？妈妈告诉他："这些上门推销的产品我们根本不了解它是真是假。而且别人免费为你服务，这本身就有问题，天下哪有那么好的事情？所以，还是谨慎点，不要轻易相信。"

果然，几天后，隔壁邻居张大妈说，她买的那些油烟机清洁剂都是假冒伪劣产品，根本洗不掉油烟机里的油，而且还有一股刺鼻的气味，她甚至担心这种清洁剂是否有毒。

看到了吧，并不是所有标榜自己是好人的人就一定是心存善意的。有的陌生人的善意让人倍感温暖，而有的陌生人的"善意"却暗藏陷阱。上面案例中的小罗就差一点儿被骗，要不是妈妈及时回来，他的钱就会成为骗子的囊中之物。所以，面对陌生的"好人"，你一定要擦亮眼睛，时刻保持警惕。

常言道："知人知面不知心。"当你遇到困难或者烦恼时，如果有人突然非常善意地出现在你的面前，并且声称能帮助你解决一切问题时，希望你能保持冷静，不要盲目地去相信他们。当你需要帮助时，可以采用以下的几种方式：

1.寻找专业人员帮助

男孩，如果有一天你迷路了，或者遇到了困难，那么一定要记住，先找警察、派出所这些可靠性高的人员和机构。找到他们寻求帮助，他们一定会把你安全地送回家，或者帮你联系到家人。

2.直接打电话向家人求助

牢记爸爸妈妈、朋友的电话，当你不知道回家的路，或者遇到问题时，可以去找公用电话亭或者大型商场等处的公用电话来联系爸爸妈妈、朋友，告知自己的位置。记住，一定要请熟悉的人来接自己，而不要随随便便搭上所谓的"好心人"的车。

3.搭乘公共交通工具回家

男孩，如果有一天，爸爸妈妈因为有事无法开车来接你，那么你务必要选择乘坐公共交通工具回家，而不要随便打车。尤其是夜幕降临时，最好不要一个人乘坐出租车。

4.不要轻信"好心人"，更不要跟着他们走

如果不小心上了"好心人"的车，在你发现不对劲的时候，要想办法逃脱陌生人的控制。比如，你看见对方开着车离城区越来越远，或进入你很陌生的环境时，你可以借口上厕所、口渴了等，先让对方把你放下车。然后，再伺机逃离坏人的魔爪。

总之，如果某一天，你被某个陌生人"善意"地关注到了，礼貌地对他说声"谢谢"，但不要轻易接受他的帮助。为了自身的安全，还是保持一份警惕和小心吧。

第五章

提高警惕，
当心各种网络陷阱

　　如今网络的普及率非常高，很多人家里都有电脑，手机更是人手一部。"网虫"越来越多，上网不是成年人的专属，不少孩子也加入了"网虫"行列。然而，虚拟的网络世界鱼龙混杂，骗子的招法更是五花八门，涉世未深的青少年要提高警惕，小心为妙。你要避免掉入各种网络陷阱，给自己的生命和财产造成损害。

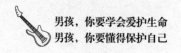

不加陌生人的QQ、微信等

男孩，随着网络社交的发展，你可能也有了自己的网络社交圈，比如QQ好友、微信朋友圈。但是，你在扩大自己的这种网络社交圈的同时，也要有所警惕并进行必要的筛选，不要随便加陌生人的QQ、微信等。

小罗（化名）是北京市东城区一所中学的学生，在2018年中考中他取得了全校第三名的好成绩，顺利考入了北京市一所重点高中。爸爸妈妈非常高兴，送给他一部智能手机作为礼物，满足了他一直想要手机的愿望。

有了智能手机后，小罗首先加了班里一些同学的微信，还加入了班级聊天群，每天都不亦乐乎地微信聊天、逛朋友圈。这天，小罗坐公交车时闲着无聊，就玩了一下手机微信上的"摇一摇"。很快，他就摇到了一位微友，然后简单地聊了起来。不聊不知道，一聊吓一跳——他们居然在同一辆公交车上。

那个微友得知小罗在同一辆公交车上后，就主动走近他，和他打招呼、聊天。原来对方是一名大姐姐，身材高挑，长相漂亮，说话幽默风趣，小罗顿时就对她产生了好感。谈话间，小罗得知，对方比自己大几岁，是一名大学生。聊得正投缘时，大姐姐要下车了，小罗似乎有点不舍。

以后的日子里，大姐姐和小罗常常在微信上聊天，一般的话题到了大姐姐口中马上就变得有趣无比，小罗每次都感觉特别开心，很庆幸自己认识了这样一位朋友。有一次，大姐姐说手机欠费了，让小罗帮忙充100元话费，小罗想都没想，就给她充了。又有一次，大姐姐说钱包被偷了，没钱坐车回学校，让小罗用微信发给她50元，小罗又果断发了。大姐姐这两次向小罗借的钱，第二天都及时还了。

后来有一次，大姐姐发微信语音对小罗说，她骑共享单车时不小心撞了一位老人，对方要求她赔偿2000元，可是她手里暂时没钱了，也不想让爸爸妈妈担心，问小罗能不能先借一些钱给她。小罗没有丝毫犹豫就把自己的零用钱全部转给了大姐姐，大姐姐连声表示感谢。

这件事情过去后，大姐姐有几天没联系小罗，小罗想问候一下大姐姐，却发现微信被拉黑了。后来小罗在爸爸的陪同下来到了大姐姐提到过的大学，找到学校相关部门查询，却被告知没有这样一个人。至此，小罗才明白自己遇到了骗子。

男孩，青春年少的你，正处在乐于交朋友的阶段。对于你们来说，聊QQ和微信是结交新朋友的方式之一，这种交流方式有时候甚至替代了你们现实中的沟通与交流。但是，这些社交软件在带给你们方便的同时，也隐藏着各种各样的陷阱，尤其是社交软件上的那些陌生人，你一定要提防，最好不加他们。看看案例中小罗的遭遇，你是否能够明白这个道理呢？

男孩，我们并不反对你广交好友，但是由于网络的虚拟性，往往使人与人之间的信息很不透明，你并不了解在网络另一端的那个人究竟有怎样的企图，有怎样的品德和性格。如果你贸然加他们为好友，就等于给自己的人身安全和个人财产设置了隐患。所以，不加陌生人的QQ、微信是避免上当受骗的有效举措。

那么，如何在现实生活中避免被陌生人添加为好友呢？你可以从以下几点做起：

1.关闭隐私按钮，不要被陌生人搜索到

通常在各种聊天工具中都会有设置隐私的按钮，比如"找朋友""摇一

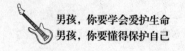

摇"　"附近的人"等，你一定要谨慎管理，不要让陌生人随意就能搜到你的微信号、QQ号或手机号，也不要让别人通过"摇一摇"等功能来找到你。在对方想添加你为好友时，一定要通过你的验证。

2.未经确认，一律拒绝陌生的添加请求

当你的QQ、微信收到添加请求的消息框时，你最好先确认一下对方是否为身边的亲朋好友。如果确认不了，最好忽视这些添加请求，或干脆删除添加请求。即使对方附带了一些留言信息，如"我是你同学"　"我是你同学介绍的"　"我们是同小区的"等，你也不要轻易相信。你可以在添加请求下面直接问对方："你叫什么名字？"如果对方不回答或回答的姓名你根本不认识，那就忽视它、删除它。就算你不小心接受了对方的添加请求，在确认自己并不熟悉后，也应该立刻删除，以免留下安全隐患。

3.如不得已添加，一定要限制对方的权限

如果遇到特殊情况，必须添加陌生人微信、QQ等时，比如希望了解相关课程、活动规则等，一定要注意限制对方的权限。比如，不让对方看你的微信朋友圈、QQ空间动态等，仅保留聊天功能。

4.不要使用本人照片作为社交账号的头像

在使用社交账号时，常常需要设置一个头像。男孩，你要注意，千万不要用自己的照片作为头像。要知道你的照片是你非常重要的隐私，会暴露你的年龄、性别，也容易被那些居心叵测的陌生人盯上。

总而言之，网络交友有风险，你一定要增强戒备意识，保持冷静的头脑，不要随意添加陌生人，不要随意接受陌生人的添加请求，不要轻易相信陌生人QQ、微信等社交软件上发来的信息，以免落入陷阱。

接到"熟人"借钱信息，一定要核实

熟人之间相互借东西、借钱是生活中常有的事。如果是当面借，那也没什么。可如果别人用网络聊天工具发信息找你借钱，那你就要小心了。因为发信息的那个人可能不是你所熟悉的人，而是网络上的骗子。如果你不经核实，就轻易相信了，把钱借出去，很可能就中了骗子的圈套。

周末，小剑正在家里上网，突然QQ上弹出来一条消息，原来是同桌薇薇。小剑很开心，热情地跟薇薇打招呼。可是，原本说话干脆、利落的薇薇，面对小剑的问候却一副心不在焉的样子，东一句西一句的。勉强聊了一会儿天，小剑实在忍不住了，问道："你今天是怎么了？感觉不在状态啊！"

看到小剑的问话，薇薇沉默了很久以后，连续发了好几个痛哭的表情。小剑一看更是心急如焚："你到底怎么了？快说啊，真是急死我了！"

薇薇说："这个假期妈妈说要让我补习一下英语，本来她今天要带我去交钱的，结果她临时有事就让我自己去交钱。可是，可是……呜呜呜……"

小剑追问道："可是怎么了？"

"可是我坐车的时候钱被小偷偷了。我不敢告诉妈妈……呜呜呜……"

看到回复，小剑满脑子都是电脑那端薇薇泪流满面的样子。小剑赶紧安慰她说："别着急，我微信钱包里有1000块钱，我先借给你，等你有了钱再还我。"听到小剑的话，薇薇顿时心情变得大好，很快就发过来一个微信号："这是我老师的微信号，你先加她，再把钱转给她吧！"

小剑说："我直接转到你的微信上不可以吗？干吗要加你老师的微信？"

"我手机和钱一起被偷了啊！"薇薇说。

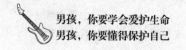
"哦哦，原来是这样啊！"小剑恍然大悟。

就这样，小剑把微信钱包里的1000元转给了那个微信号。

第二天上学，小剑见薇薇玩手机，就问："你买新手机了？"

薇薇听了他的话居然一头雾水，反问道："你说什么啊？我手机一直用着，干嘛要换新的？"原来，昨天薇薇的手机和钱根本就没有被偷，她也没有上QQ，是网络骗子盗取了薇薇的QQ账号及密码，欺骗了小剑。

男孩，当你认识的人突然在网络聊天工具上以各种理由向你借钱时，一定要保持高度警惕。记住，并不是用着朋友的网名，带有朋友的名字就一定是你的朋友。因为你朋友的QQ、微信等账号也有可能会被骗子盗取。所以，千万不要轻易地相信网络那头的人就是你所认识的熟人。小剑的遭遇就充分证明了这一点。

除了利用QQ、微信等社交软件冒充熟人诈骗外，还有的诈骗分子会假冒同学或朋友打来电话，声称遇到了紧急的事故或危险，急需用钱，甚至是利用虚假的视频，让你"眼见为实"，确认是自己"认识的人"，从而心甘情愿地解囊相助，最后落入陷阱。

俗话说："无欲则刚，关心则乱。"很多时候，骗子的手段并不高明，只要你稍加分析和推敲，就会发现很多漏洞。但由于青少年心地善良，对自己熟悉的人充满了爱心、关心，一听到熟人有难，就不加防备地伸出援手，所以比较容易上当受骗。

其实，对于"熟人"利用网络聊天工具发来的借钱信息，我们本着"不相信"的原则就能避免上当受骗。如果对方的遭遇确实让你产生强烈的同情心，你很想帮忙，那务必冷静地核实。当核实清楚了，确认属实了，你再去帮忙也不迟。具体来说，你可以参考以下几种核实办法：

1.电话核实

电话核实，就是在收到网络借钱信息后，给那个借钱的"熟人"打电话，核实借钱信息是否属实。

2.语音核实

语音核实，就是在收到网络借钱信息后，通过语音聊天向对方核实信息。比如，同学在QQ上向你借钱，你可以用微信语音聊天方式和他沟通，核实借钱信息是否属实。

3.视频核实

视频核实，就是在收到网络借钱信息后，直接和对方视频聊天，看对面是不是那个熟人。如果对方找理由拒绝视频聊天，那么基本可以确认对方是骗子。

4.当面核实

当面核实，就是在收到网络借钱信息后，直接找到那个借钱的"熟人"，当面核实借钱信息是否属实。比如，同学在微信上找你借钱，你知道他家在哪里，而且离你家不远，你就可以直接去他家，当面与他核实。这样可以确保万无一失。

5.打探虚实

除了以上四种核实办法，你还可以通过抛出一个试探性的问题，打探对方的虚实。比如，当对方声称是你的老朋友时，你编造一个名字，问："你是不是赵威（假名）啊？"对方如果说："是啊！"那就可以判断对方是骗子。

总之，当你在网络聊天工具上收到借钱信息时，千万不要轻信。除了借钱信息，邀约信息也不能轻易相信。你可以选择视而不见，也可以选择以上几种办法去核实信息的真假。

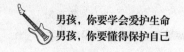

天上不会掉馅饼，当心各类"大奖"砸中你

男孩，如果有一天你得知自己中了大奖，第一反应会是什么？兴奋、开心、好好庆祝？先别急，我们可要提醒你，仔细看一看这天上掉下来的到底是馅饼，还是陷阱。

一天，13岁的小勇正与同学阿涛聊着QQ，突然右下角弹出来一个QQ系统信息，上面用醒目的彩色字写着"尊敬的腾讯QQ用户：恭喜您！您的QQ号码被系统自动抽中为幸运用户，将获得价值8000元的笔记本电脑一台。请登录活动网站×××领取，验证码××××。全国唯一活动免费专线：400-×××-××××。"

看到这个消息，小勇有些受宠若惊。他简直不敢相信自己的眼睛，他用手揉了揉双眼，来回读了好几遍信息："哇，我也太幸运了吧！看来常聊天还是很有好处的嘛！"小勇兴奋地对着屏幕给阿涛敲过去一行字："快看，我中大奖了！"并发了张截图。

没想到，阿涛马上提醒他说："这你也相信啊，哪有那么好的事，这是骗人的！"

小勇很奇怪地问："这明明是腾讯公司发的系统信息，怎么就是诈骗呢？"

阿涛回复道："这种信息是诈骗分子假冒腾讯公司名义发布的，不论是链接，还是电话都是假的，引诱你上钩的，千万不要点击或者拨打！"

小勇半信半疑地看着电脑。阿涛又敲过来一行字："你要是不相信就搜索一下，看看腾讯真正的官网、客服电话是什么。"小勇搜索了一下腾讯的官网及电话，再一对比自己收到的信息，还真是有点李逵对李鬼的味道。

小勇正在暗自庆幸的时候，阿涛又说："你搜索看看，有多少人都被这种中奖信息给骗了！"当看到搜索后的结果时，小勇目瞪口呆了，居然有那么多人被这类信息给骗了。对比一下自己收到的所谓的系统信息，与那些诈骗信息如出一辙。这下小勇不禁暗自庆幸，幸亏自己跟阿涛说了。

他用充满感激和佩服的语气向阿涛发了一条信息："真是谢谢你，不然今天恐怕真落入骗子的阴谋之中了。"阿涛回道："别客气。现在网络诈骗手段五花八门，常常有新花招出来，你呀，就记住一句话——天上是不会掉馅饼的哦！"看着阿涛发过来的大大的馅饼动图，小勇忍不住哈哈大笑了起来。

网络在为我们提供便利的同时，也让诈骗分子获得了可乘之机。通过强大的网络平台，这些犯罪分子广发诈骗信息，编织出一个巨大的网络陷阱，利用QQ、微信、邮件、广告链接等途径引诱贪图便宜的人上钩，人们在上网时稍有不慎就会被这天上掉下来的馅饼砸得晕头转向。

为了骗取人们的信任，越来越多的诈骗分子开始采用类似大公司、大平台的官网、系统信息来行骗，就像例子中小勇看到的信息。表面上，这些信息是出自正规大公司的系统，实际上一旦深究就会发现它所展示出来的网址、电话、系统提示与真实的信息是有差别的。只是人们很少会那么仔细地去探究、验证，结果就落入了陷阱之中。

2016年《中国消费者报》统计分析结果显示，在多种诈骗举报中，中奖类诈骗数量最大，可以说是诈骗分子行骗的主要手段。那么，男孩，在面对这些中奖信息时，你应该怎么处理呢？

1.理智、冷静地面对

骗子之所以能行骗成功，不一定是手段有多高明，很大程度上是因为人们存有贪念和侥幸心理，希望自己有一天能突发横财。因此，在面对中奖信息时很容易头脑发热，一厢情愿地相信自己有多幸运，从而落入犯罪分子的

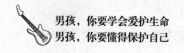
圈套。所以，男孩，你在收到任何中奖信息时都要记住，天上不会掉馅饼。记住了这条，你就能做到理智、冷静地面对。

2.不要点击中奖弹窗

男孩，当你在网络上浏览网页或者搜索资料时，无论弹出来的是何种中奖弹窗，都不要去点击其中的链接，甚至不要点击关闭弹窗，有些时候你只要点击了，弹窗即默认为打开。所以，遇到中奖弹窗你就直接选择无视吧！

3.必要时请果断报警

如今网络诈骗手段层出不穷，且不断升级。除了网络上的中奖信息，现在还经常出现所谓的"我们这里有一张你的法院传票"之类的信息。当你收到这类诈骗信息或电话时，请果断报警。当然，如果你的手机、QQ经常收到中奖信息，并且无法摆脱诈骗分子的纠缠，也可以直接报警，让警察来处理。因为打击网络诈骗人人有责，你今天报警了，明天上当受骗的人就会少一些。

相见不如不见，不要跟陌生网友见面

现代社会，网络已经成为人们生活、社交、工作不可或缺的工具。我们可以利用网络获得知识，搜集资料，进行家校互动，与朋友、同学沟通交流。可以说，网络已经与我们结下了不解之缘。但网络世界也是复杂的，特别是网上交友时，一定要有效规避可能存在的危险，确保自己的安全。

16岁男孩葛飞性格开朗，对人从不设防。有一天，他在浏览网页时，突然QQ对话框弹了出来，一个自称"潇洒人间"的陌生人申请加他为好友。葛飞虽然感觉有些突兀，但是也没拒绝。在聊天的过程中，葛飞觉得"潇洒人间"直爽、幽默，而且非常理解他的想法。于是，就渐渐地把他当成了倾诉的对象，有事没事向他倾诉一下苦闷和烦恼。

有一天，葛飞因为考试成绩不理想受到了父母的批评，心情很郁闷，于是上网找"潇洒人间"发泄情绪，"潇洒人间"很耐心地安慰了他半天，还说："既然你心情这么糟糕，大哥请你去吃烤串，喝点啤酒，放松放松！"

见对方发出邀约，葛飞有些犹豫，虽然经常一起聊天，但毕竟还是从未见过面的陌生人啊。"潇洒人间"看他半天没有回复，继续劝说他："那么不开心，待在家里越待越烦，还容易和父母吵架，出来散散心，心情就好了。你就跟父母说，跟同学一起去书店逛逛。"看到这里，葛飞动心了，答应了与"潇洒人间"见面。

一到烧烤摊，葛飞就见到了"潇洒人间"，他穿着一身休闲装，还戴着眼镜，很斯文的样子，心里顿时放松了许多。于是就和他一起点了烧烤，还不时推杯换盏。葛飞只喝了一杯啤酒，就感到头晕难受，意识开始模糊不清……过了很久，葛飞模模糊糊地醒过来，发现自己在一片草丛里躺着，浑身酸痛，手机和身上的钱全不见了。这时他才意识到"潇洒人间"是个大骗子。

男孩，看了这个案例，你是不是也感到不寒而栗呢？网络给予了人们极大的便利，拓展了人与人之间交往的空间，越来越多的陌生人通过网络相识。网络世界的虚拟性，使得人们在交流的过程中可以无拘无束，畅所欲言。然而，也正是这种虚拟性给了犯罪分子可乘之机。近年来，青少年因见网友而遭遇抢劫、诈骗、性侵的恶性案件频发，你可千万要当心点儿。

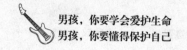
男孩，如果你在网上结识了朋友，希望你能提高警惕，谨慎对待。一方面，不要把对方想象得过于完美，在与他们沟通交流时要保持理智，头脑清醒。通过空间、日志等多种渠道来对他们的实际情况进行多方面的了解。另一方面，不要轻易地答应陌生网友的见面请求。如果有一天你真的遇到了非常想见的网友，那么一定要注意从以下几个方面来保护自己：

1.见网友前务必告知父母

父母是这个世界上最爱你的人，他们愿意倾听你的心声，也希望你能跟他们倾诉。所以，如果有网友约你见面，你一定要告诉父母。父母也许会阻拦你，但那一定有他们的理由。当然，你也可以让父母陪你去见网友或暗中保护你，让你有机会见到网友的真容。如果你不愿意让父母陪你去，还可以叫上几个好朋友陪你去，但一定要让父母知道你所去的地方。

2.见网友要注意时间和地点

见网友一定要注意时间和地点。首先，一定要在白天见面，千万不能晚上见网友。其次，见面时，一定要选在你熟悉的公共场合，比如，离你家不远的公园、商场、快餐店等地方。这些地方既适合正常聊天，人又多，一旦发生危险，你也能随时向周围人求助。

3.见网友时要保持警惕之心

与网友见面时要时刻保持警惕，不要随便喝任何饮料，也不要随意地吃任何东西。不要根据面相来主观地判断网友是个好人，也不要因为不好意思而不去拒绝对方的一些不当要求。

4.千万不要被任何要挟吓倒

为了确保自己的犯罪行为得以实施，坏人最擅长的就是恐吓和要挟。如果你遇到了这种人，千万不要惊慌失措，更不要盲目屈从于坏人，可以与对方机智周旋，或者拖延时间。在确保安全的情况下，你也可以大声呼救，以引起周围人的注意。

当心掉进网络游戏的陷阱

男孩，你喜欢玩网络游戏吗？你的同学、朋友也玩网络游戏吗？在学习之余适当地玩一会儿游戏，既可以放松身心，又可以体验游戏带来的快乐。但是，如果像下面这个案例中的小陈那样，不但玩游戏玩得着了魔，甚至还把家人的血汗钱挥霍一空，那就太不应该了。

四川省某地一个13岁男孩，平时跟着爷爷奶奶生活。父母在外地打工，每月给家里寄生活费，供他上学。由于父母常年不在身边，加之青春期的特殊心理，小男孩的性格比较孤僻，常常沉默寡言，也不爱与人交往。每天除了上学放学，回到家里基本不跟爷爷奶奶说话。

有一次，爷爷去银行取钱时发现卡里的24000元钱不见了，他和老伴怎么也想不明白，钱到底是怎么没的。后来他们想到了孙子，因为有一次他们让孙子去银行取钱，孙子知道银行卡的密码。

当他们追问孙子银行卡里的钱是不是他取的时，男孩一直沉默不言。后来爷爷去银行打了每个月的流水记录，男孩才不得不跟他们坦白。

原来，在最近3个月的时间里，小男孩迷上了一款手机游戏，而银行卡里的钱正是被他拿去购买游戏装备了。爷爷奶奶听到这里，感到无比痛心。

网络游戏具有多么大的诱惑与魔力啊，让小男孩沉迷其中，不惜花掉了两万多元，那可是爷爷奶奶辛苦多年积攒下来的。现实生活中，除了像小男孩这样沉迷游戏，甚至偷用家里的钱去玩网络游戏之外，还有因沉迷游戏而付出生命代价的。

比如，2016年6月，浙江省一名13岁的男孩沉迷手机游戏，父母将其手机没收，没想到他从4楼的家中跳下摔成重伤。2016年8月，福建省莆田市的

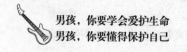

一名12岁少年因沉迷网络游戏，在连续玩了5个小时游戏后猝死。

网络游戏充满了紧张、刺激、惊险的情节，在游戏中玩家可以相互合作、竞争、对抗。一方面能尽情地宣泄情绪，另一方面也可以让人感受到成功的喜悦，获得不断升级的成就感。正是因为这些原因，网络游戏才会在青少年中风靡，同时也给青少年造成了诸多不良的影响。

首先，沉迷网络游戏会影响学业。很多男孩沉溺于网络游戏，每天少则一两个小时，长则七八个小时都奋战在游戏当中，根本无法保证充足的学习时间和休息时间。有些男孩逃课去打游戏，还有些男孩甚至通宵打游戏，第二天就在教室或寝室睡大觉。这严重影响了学业。

其次，沉迷网络游戏会影响身体健康。长时间端坐于电脑跟前，身体会受到电磁辐射，并且损伤视力。而且长久不变的重复动作、机械的姿势还会导致腰酸背痛、关节炎症等，严重影响身体健康成长，甚至导致部分孩子过劳死。

再次，沉迷游戏会影响心理健康。网络游戏中充斥着暴力、色情、欺诈等不良的情节，很容易让人沾染上不良的习惯，形成暴躁的脾气乃至不良人格。

最后，沉溺于网络游戏容易使人缺乏社会交往，与现实生活脱节，导致自我封闭，甚至产生一些心理问题。

有人说，网络游戏就如同"电子海洛因"，一旦碰触到就难以自拔，难以摆脱。因此，千万不要掉进网络游戏的陷阱。为此，你有必要牢记以下几点：

1.不接触各种类型的网络游戏

网络游戏充满了诱惑力，别说孩子，就连成人都很难经受得住诱惑。所以，如果你不想陷入网络游戏陷阱，最好的办法就是不接触这些游戏。

2.不要因为从众心理而玩游戏

很多孩子之所以开始玩网络游戏是因为同龄的朋友们都在玩，自己不玩就感觉格格不入，担心会被朋友们排斥。男孩，如果你也是出于这样的心理而想要接触网络游戏，那么我们只能说，这样的朋友不交也罢，还是多结交一些与自己志同道合的朋友吧。

3.如果游戏上瘾，坦诚告诉父母，努力戒除

男孩，如果你不小心掉入了网络游戏的陷阱，不要有心理负担，也不要担心受到责骂，千万别隐瞒，一定要及时告诉爸爸妈妈。他们一定会与你共同面对，努力帮助你戒除这个不良习惯，确保你健康成长的。

网红伤不起，你打赏的是父母的血汗钱

很多男孩小小年纪，就有一个明星梦、网红梦，他们羡慕那些网络主播，也想把自己的生活搬到直播平台上，通过直播的方式给自己圈粉。与此同时，他们也会以粉丝的身份加入其他的主播平台，观看别人的节目，还会给主播打赏。男孩，你是否有这样的经历呢？又是否知道这样做的危害呢？看看下面这个例子：

13岁的小董（化名）是上海某中学的一名初三学生，有一天他在手机上浏览网页时发现了一个直播平台——××直播，看到那么多粉丝与主播频繁互动，弹幕满天飞，礼物像雪花一样飘落，他觉得特别有意思。再看一下直播内容，居然是自己最喜欢的手游——"××荣耀"的专栏直播。更让小董感到开心的是，主播长得特别漂亮，声音特别甜美，她时不时抛个媚眼，做个鬼脸，简直太可爱了。

小董马上注册了账号，加入了直播平台。一开始，他只能送主播一些免

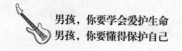
费的礼物，但看到很多粉丝给主播刷飞机、刷火箭、刷游轮，他也开始跃跃欲试。可是他微信钱包里没多少钱，买不起大礼物，怎么办呢？

小董开始动歪脑筋，偷偷从爸爸妈妈的微信钱包里往自己的微信转钱，每次转钱后他就删除相关的交易记录。起初，他一次只是转几十块钱，由于额度较小，爸爸妈妈浑然不知。渐渐地，他的胆子越来越大，一次转一两百。前前后后，小董神不知鬼不觉地转了3000多元用于打赏主播。

直到有一次，妈妈购物时发现微信零钱的余额不足，才意识到不对劲，最后终于查出是小董在背后"作怪"。

为什么直播平台里，粉丝那么喜欢打赏主播呢？其实，就是为了获得一时的满足感。特别是漂亮的女主播对着给她打赏的人搔首弄姿、微笑献媚时，会让粉丝很有存在感。成人尚且抵挡不了这种诱惑，更何况是青春年少的孩子呢？

但是男孩，对于各种各样的直播，你千万不能盲目跟风，更不能盲目打赏。特别是针对那些不健康的直播内容，盲目打赏是很愚蠢的。因为你打赏的都是父母的血汗钱，得到的只是一时的心理满足，并不能让你学到有用的知识。

那么，对于网络直播，应该持怎样的态度去应对呢？以下几点值得参考：

1.关注直播中积极正面的内容

男孩，网络是一把双刃剑。如果你善于利用其优点，多关注其积极的一面，获得的就是好的影响和收获；反之，获得的则是坏的影响和危害。网络直播作为一种新型的传播渠道，不仅仅是一个造星平台，更多的是利用其灵活性和互动性，将最新的资讯、产品、新闻等传播给广大的观众。因此，你不妨多多关注一些内容健康、有正能量的网络直播，从中学习有用的知识，获得激励。

2.关于打赏，切勿虚荣、攀比

男孩，当你在直播平台里与主播互动时，切莫因他人积极打赏、大额打赏主播，就盲目地跟风和攀比。因为你打赏的钱都是父母的血汗钱，如果你肆意挥霍，怎么对得起父母赚钱所付出的辛苦呢?

3.直播内容要健康

男孩，如果你希望通过直播平台来展示自己的才艺和兴趣，交更多的朋友，找更多的共同话题，那么对于这样的直播尝试倒也是可以的。如果你未成年，一定要获得父母的许可。切不可为了所谓的圈粉，为了吸引更多的关注，而剑走偏锋，比如暴露身体的隐私部位，直播一些敏感的话题，或者尝试一些危险的行为等。如果那样做将会触犯法规，你将受到严惩。

4.玩直播要有节制

男孩，你现阶段的主要任务是学习，网络直播不过是学习和生活之余的一种调剂，切不可把大把的时间用来玩直播而荒废了学业。

第六章

早恋和性，
不要试着尝禁果

男孩，性和爱情一样是人类永恒的主题，且主宰着人类的繁衍生息，它对于像你这样不了解它的人来说充满了神秘感和诱惑力。如果说青春期的爱情像一枚青苹果，那么青春期的性更像是一枚禁果，它是苦涩的，甚至是有毒的，偷吃可能会遭受惩罚。因此，你现在一定要学会抵制诱惑，将精力放在学习上。

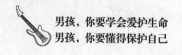
分清青春期的友情与爱情

男孩，友情和爱情都是人类最珍贵的情感，但是对于青春期的你们来说，常常会混淆友情与爱情的界限，这将给你们的学习、生活带来很大的困扰，下面这个男孩就遇到了这种"麻烦"。

小伟和小娜是烟台市某高中的学生，高二分班时，两人成了同桌。小娜很漂亮，个子高挑，嗓音温柔，英语口语说得极好，成绩在班里名列前茅。小伟为自己有这样一位同桌而感到自豪，他希望小娜能成为自己最好的朋友，默默地在内心暗恋她。在与小娜的相处中，小伟就像爱护自己一样爱护着小娜。

小娜似乎对小伟也比较有好感，有好吃的也会毫不吝啬地和小伟分享。在平时的学习中，小娜总是耐心地为小伟解答难题。有一次小伟生病了，缺席了一个星期的课，小娜还主动在周末为他补课。渐渐地，小伟觉得小娜也挺喜欢自己的，因为他感觉小娜看自己的目光总是含情脉脉。

后来，令小伟痛苦的事情发生了：老师根据学生身高重新安排了座位，由于小伟个子高，老师把他调换到后几排。当时小伟心理特别难受，再看看小娜，她心里似乎也不舒服，眼神里流露出几分不舍。但是老师安排的座位，心里不乐意也只能服从。

从那以后，小伟上课总是心不在焉，时不时看着前排的小娜发呆。他非常期待小娜回过头来与他对视，能对他含情脉脉地微笑，但是这样的情景并未发生。几天后，小伟发现小娜和新同桌（一名男同学）有说有笑，心里开始充满嫉妒、焦虑和烦躁，因为他害怕小娜喜欢上新同桌，不再喜欢自己了。

于是，小伟鼓起勇气，给小娜写了一封信，信里表达了对小娜的喜爱，还问小娜是否喜欢自己。没想到小娜回信说，她只是把小伟当成好朋友，并没有特殊的感情，让他不要胡思乱想。自此以后，小伟每天都失魂落魄的，对学习也没了兴趣，直到半个学期后，他才从这段感情中走出来。

小伟的痛苦在于误将友情当成了爱情，这种"误会"会影响身心的健康发展，男孩们应该对此高度重视。

男孩，小伟的这种情况在青春期孩子中并不少见，发展异性同学之间的友谊本来是正常的，也有助于你自身的心理成熟。但是如果你在和异性的交往过程中没有把握好言谈举止的分寸，或是错误理解了对方的行为和态度，就很容易像小伟那样混淆友情与爱情，给自己造成困扰和伤害。所以，你应该正确认识和分辨这两种感情，调整好对待异性的心态，帮自己顺利地度过青春期。

男孩，友情与爱情虽然有相似之处，但是本质上是截然不同的。友情是同性、异性之间真挚、纯粹的情感，爱情则是异性之间甜蜜、热烈的情感。友情的支柱是信任，爱情的支柱则是感情；友情的地位是平等的，爱情却要一体化；友情是开放的，一个人可以同时交很多朋友，而爱情是排他的，只能存在于两人之间；友情的基础是信赖，爱情的基础是吸引；友情充满了满足感，爱情则充满了欠缺感。

男孩，当你了解了友情与爱情的区别，就可以用它来审视自己的内心，正确地辨别友情和爱情了。在友情和爱情的岔路口上，你要把握好自己的情感，将与异性的交往保持在友情的范围内，不要让友情过界，演变为不应当发生的"爱情"。

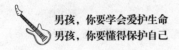
1.端正与异性交往的动机

男孩，正常的异性交往能够使你和异性之间保持一定的互补，吸取各自的优点，更好地完善自己的性格。但是，如果你与异性交往的动机不纯，不是以互相学习、互相促进为目的，而是以所谓的爱情为目的，那么这种交往一开始就变了味。因此，要想和异性保持纯洁的友谊，首先要端正自己的动机，即只是单纯地交朋友，单纯地追求友谊。

2.与异性交往要注意礼仪

男孩，与异性交往的时候要注意礼仪，千万不要做出让对方尴尬，甚至心猿意马的不当之举。首先，在交往态度上要热情而不失礼，大方而不庸俗。其次，在行为举止上要做到自然大方，尽量不要和对方发生肢体接触，避免做出令对方反感、有损你们友谊的行为。比如，摸对方的手、脸蛋，拍对方的背、肩等，这些都是超越友谊尺度的行为，是不利于你们友谊之船顺利航行的。

3.与异性不要越过友谊的界限

男孩，你正处于易冲动的时期，感情的到来很多时候都是身不由己的，男女生之间本来只是纯粹的好朋友，谁知不知不觉心里就产生了别样的感情。这个时候，你要冷静地想一想，试着控制好自己的感情，既不要轻易向对方表白，也不要轻易接受对方抛来的"橄榄枝"。要知道，友情无论对于任何性别、任何年龄的人来说都弥足珍贵，它就像松柏四季常青；而爱情对于你们这个年龄来说，显然是不合适的，它就像镜中花、水中月，既不真实，也不稳定。所以，还是不要轻易越过友谊的界限吧。男孩，友情的天空是蔚蓝、晴朗的，而爱情的天空却阴晴不定，何必过早接受风雨的洗礼呢？还是在晴朗的天空下享受阳光的温暖吧！

减少单独与异性同学接触的机会

男孩，正常的异性交往是你们走向成熟的必然经历，但是在与异性同学交往时一定要注意，最好少与对方单独相处，以免"触景生情"，做出不利于正常交往的行为，引发不必要的麻烦。看看下面的案例，你就会明白这个问题的重要性。

小虎和小柳是湛江某中学高一年级的学生。小虎学习成绩优异，还是班里的班长兼学习委员，而小柳则成绩一般，学习成绩不尽如人意。初二下学期，为了提高班级的学习成绩，班主任老师组织了"一帮一、一对红"活动，小虎成为小柳的"帮助对象"。在小虎的帮助下，小柳的学习成绩有了不小的提高，两人也渐渐变成了好朋友。

后来有一次，小柳下楼时不慎扭伤了脚，伤筋动骨一百天，她只能在家里修养。为了保证小柳的学习不受影响，小虎每天都用手机给她发作业。这天，小柳给小虎打电话，说自己有很多题目不会做，希望小虎能到她家来为她补课。小虎没有多想，就欣然应允。

到了小柳家，小虎发现小柳的爸爸妈妈都不在，家里只有她一个人。小柳脚伤行动不便，只好热情地招呼小虎自己倒水喝、吃水果，然后拿出题目来向他请教。当时小柳穿着睡衣、斜靠在床头，小虎拿着题目认真讲解，小柳似乎在乖乖地听着。

讲着讲着，小虎忽然看见小柳微微凸起的胸部，顿时身体像触电一样，不受控制地有了感觉，随即做出了不礼貌的举动。他抱住小柳，嘴里说："我好喜欢你！"没想到小柳非但没生气，还娇羞地笑了笑。结果，两人发生了不该发生的事。

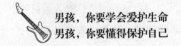

小虎本来对小柳并没有非分之想，纯粹只是出于同学关系为小柳补课，谁知后来却发生了那样的事。所以说，还是尽量不要和异性单独相处，尤其不要在私密的环境里长时间相处。因为人在特定的环境和情境中容易触发某些特定的情感，加之青春期孩子情绪、情感管理能力有限，自控力还不够强，说不定会像小虎和小柳那样，做出不该做的事情。最后不但打翻友谊的小船，还可能给彼此造成一定的心理阴影，甚至影响今后的恋爱观、婚姻观以及性观念。

男孩，你是否在某一瞬间，也像小虎那样对某个异性产生微妙的情感变化呢？其实这是很正常的，别说单独相处时会产生微妙的情感变化，就连在公共场合也不例外，可能会产生"我好喜欢她""她怎么那么漂亮""真想和她有亲密接触"等无法用言语形容的微妙感情。

男孩，对于你们来说，与女生的交往和友谊，是一种合理的需要，它既能满足青春期生理发育和心理发展的需求，也有助于双方互相学习、克服自身的缺点和不足。但是，与女生交往一定要保持距离，特别是要减少与女生单独相处。虽然不能说你与女生单独相处一定会发生什么事，但减少单独相处有助于你控制内心泛起的对女生的微妙情愫。

男孩，你正值豆蔻年华，同样，女生亦是如此。如果你们单独相处，特别是在女生的房间，看到女生那种甜蜜、粉嫩的房间装饰，或在行人很少的公园树林里，在花前月下的特定情境下，你们很容易对彼此产生特殊的好感，很可能会发生超越友谊的不当之举，如忍不住拉对方的手，和对方拥抱，甚至亲吻对方。所以，还是减少单独与异性同学接触的机会吧！

男孩，我们鼓励你与女生正常交往，也希望你与女生保持健康、良好、互助的同学友谊。在这方面，有些建议值得你借鉴：

1.谨慎对女生发出邀约

男孩，在与女生相处的过程中，你可能在很多个瞬间，很想对某个你有好感的女生发出邀约。约她逛公园，约她看电影，约她吃西餐，甚至约她去你家玩，约她去旅游，约她和你一起做自己想做的事，等等。也许你只是单纯地喜欢她，想和她单独相处；也许你只是单纯地把她当朋友，没有任何其他的想法。但是你有没有想过，女生在接到你的邀约时，会想些什么呢？她又会怎样答复你呢？

也许你的一番盛情，会让对方产生防备，她想拒绝你，却又碍于同学友谊，不想伤害你。于是，她不情不愿地接受邀约，但在单独相处的过程中，她却对你充满防备。比如一起走路时，刻意与你保持距离，生怕你靠近她；交流时，眼神飘忽不定，心不在焉，甚至都无法和你轻松交谈。这完全不是你们平时交往时那种自然大方的姿态。试问，这样的单独相处你喜欢吗？

女生还可能直接拒绝你，或找个理由委婉地拒绝你。这样是否会让你受到小小的打击呢？会不会让你胡思乱想呢？你会不会这样想：对方难道不喜欢我？不想和我一起玩？然后，你忍不住开始质疑你们的感情。

当然，女生也可能爽快地答应你，也许她像你一样单纯，只是为了和你交友。但也许对方对你有特别的感情，希望和你的关系更进一步。如果是前者，那么你们不必单独接触，也能保持纯粹的友谊。如果是后者，你就更不能给对方机会了，因为你们在这个特殊时期，应该以学习为重。

2.多和女生在集体中交往

男孩，多参加集体活动，对于减少异性同学之间的单独接触是十分有好处的。集体活动能够为你们提供充实的文化生活，也能为你们提供与异性同学交往的正常渠道，既可以满足正常的异性交往需求，也可以扩大交往面，避免个别异性同学之间交往过密。

此外，丰富多彩的集体活动还可以创设宽松的环境、温馨的氛围，激发异性同学间的相互竞争意识与团结协作精神，从而把异性同学之间的吸引力转化成奋发向上的学习动力，帮助你们健康成长。

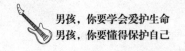
青春期的爱情萌动很正常，不必有负罪感

男孩，当青春的乐章响起，一种青涩、美好的情感可能会在你的心里悄然萌动，对于这种情感你也许会感到烦恼、不安，甚至会有些许的负罪感。下面这个男孩的情感心理就很有代表性：

16岁的海超是山东省潍坊市的一名高中生，他性格活泼开朗，学习很努力，成绩一直排在年级前列，深得老师和同学们的喜欢。可是高一下学期，他整个人好像都变了，变得心事重重、沉默寡言，学习成绩也明显下滑。海超的爸爸妈妈察觉到他的变化，决定和他好好谈谈心，了解一下情况。在爸爸妈妈的追问下，海超说出了自己的"烦心事"。

高一下学期的一天，海超在学校操场上观看学校的文艺表演时，被学校同年级一名女生的舞姿吸引住了。她的一颦一笑、一举手一投足深深打动了海超的心，让海超忍不住展开无限联想。后来，海超打听到那名女生在哪个班、叫什么名字，还通过多种途径获知了她的微信号。

虽然海超加了那个女生的微信，但一直没有勇气和她聊天，只是默默地关注她的朋友圈动态。对于海超来说，每天最幸福的事就是点开对方的朋友圈，看着里面的照片发呆。有时候他还会假装去那个班找同学玩，故意在教室门口多待一会儿，就是为了多看那个女生几眼。

渐渐地，海超发现自己"爱"得越来越深，有点欲罢不能了。每当班主任在班会课上强调不能早恋及早恋的危害时，他的内心就会充满负罪感，觉得自己无法静下心来学习，对不起父母和老师。因为他一直是老师和父母眼中的好孩子，怎么能产生那种"不正常"的情愫呢？带着这些心理压力和精神困扰，海超的性格逐渐发生了变化，成绩也跟着下滑。

最终，在爸爸妈妈的细心开导下，海超认识到青春期的自己有这种情感萌动是正常的。后来，他打开了心结，调整了心态，慢慢又做回了原来那个活泼开朗、成绩优异的自己。

像海超这个年龄的男孩，很容易对女生产生特殊的情愫，这是十分自然和正常的。男孩，也许你也有类似的爱情萌动，千万不要认为自己是"坏孩子"，甚至产生自责、忧郁、焦虑等负面情绪。事实上，爱情萌动是青春期的正常现象，是青春期少男少女特有的一种情感体验，是自然而然来到的，你不必为此苦恼，更不必有负罪感。这种爱情萌动一方面能够促使你不断丰富和发展自己的情感世界；另一方面，如果你能够放平心态去对待，完全可以把它当成生活和学习的一种调剂。

男孩，当你进入青春期时，随着生理、心理不断走向成熟，你的情感世界也会发生一系列显著变化，对女生会产生强烈的好奇心与新鲜感，渴望接近女生，获得女生的注意，甚至可能对女生产生爱慕和好感，逐渐形成爱情萌动心理。

爱情萌动心理与成年人的爱情是不一样的，与早恋更是有本质上的不同，它是男女生之间相互吸引，真挚、纯洁的情感，对你提升自我认知和完善自我人格都有十分重要的推动作用。因此，如果你产生了这种情感，那就坦然面对它吧，千万不要被负面情绪所左右！具体来说，你可以参考下面几点建议：

1.将情感变为学习动力

男孩，青春期是学习的黄金时期，当你产生了爱情萌动时，如果处理不当，就容易影响到学习。但如果处理恰当，这种情感不仅不会影响学习，相反，它将成为学习的动力。正如罗素在《我的信仰》中所说的："高尚的生活是受爱的激励并由知识导引的生活。"只要你能以理性的思维摆脱负面困扰，以欣赏的眼光吸取对方身上的优点，就能从中获得积极的力量，将对异性的爱慕之情转化为努力学习、自我进取、自我发展的强大动力。

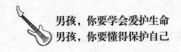
2.转移对情感的注意力

男孩，作为学生，你的生活环境相对比较狭窄、单一，在这种环境下，情感的波动和变化显得特别"令人瞩目"，很容易造成强烈的心理冲击。要想减小或是降低这种心理冲击，最好的办法就是转移对情感的注意力。你可以积极地参加班级和学校的各种活动，比如文艺活动、体育活动、科技活动等，也可以广泛发展自己的兴趣爱好。总之，只要你把学习之外的精力和时间放在追求高尚的精神生活、丰富的文化知识、强健的体魄上来，你的生活将会变得更加丰富多彩，情感上的困扰也就自然而然地消失了。

3.开阔自己的眼界和胸襟

男孩，当你面对爱情萌动的时候，之所以会感到纠结痛苦，很重要的一个原因是你的阅历比较浅，胸襟不够开阔，对待感情问题容易偏执。对此，你不妨多结交不同年龄段的朋友，扩大自己的朋友圈子；多与父母长辈沟通交流，汲取他们的人生经验；多阅读各种有益的书籍，提高自己的思想境界；多游览祖国的大好河山，拓宽自己的视野。通过这些有效的办法，你就能开阔自己的眼界和胸襟，走出情感的牛角尖。

把纯真的情感埋在心底，不要踏进早恋的漩涡

男孩，如果说青春是首歌，那么早恋就是其中变奏和谐的音符，早恋的情网脆弱而纤细，沉迷其中常常会自食苦果。看看下面这个男孩吧，他的痛苦就是早恋造成的。

陈锋和欣欣是武汉市某中学高三年级的学生，两人从初中起就是同学，

而且特别聊得来，有很多共同语言，经常在一起谈理想、谈人生，并讨论许多学习上的问题，相处得非常愉快。渐渐地，两人的关系由正常的同学关系、朋友关系发展成恋爱关系。此后，他们深陷早恋的漩涡无法自拔，彼此都深觉难舍难分，经常在课后、晚自习放学后亲密接触，还瞒着家长偷偷去宾馆开房。

眼看高考临近，同学们都在积极备考，陈锋和欣欣的成绩却纷纷下滑。他们意识到这样下去不行，约定暂时不见面，把心思放在学习上，因为高考之后还有大把的时间谈恋爱。但没过几天，陈锋就克制不了对欣欣的想念，忍不住给她发微信、打电话。欣欣也不由自主地想念陈锋，而且情绪也极不稳定，两人根本没办法静心学习。结果高考成绩下来，欣欣刚上二本线，陈锋却落榜了。

转眼到了开学季，陈锋听从父母的建议选择复读，而欣欣去了外地上大学。两人之间的联系越来越少，当初如胶似漆的恋人，在时间和距离的作用下慢慢淡忘了对方。

早恋看起来是那么甜蜜、浪漫，但它最终给青春期男女带来的往往不是幸福和快乐，而是痛苦和烦恼。男孩，你对异性产生好感，想和对方交朋友，甚至谈恋爱，这种想法并没有错，但如果你用行动去实践这种想法，那就错了。因为在不成熟的年龄恋爱，换来的往往是失望和苦涩的结局。

男孩，虽然我们不能全盘否定早恋对于青春期男女的好处，但总的来说，早恋对青少年是弊大于利的。就像苏联教育家贝拉·列昂尼多娃说的那样："早恋，是枚青苹果，谁摘了，谁就会尝到生活的酸涩，而尝不到熟果的甜蜜。"那么，早恋对青少年会造成哪些不良影响呢？

首先，影响学业。青少年时代是学习的黄金时期，你应当珍惜这段时期，全力以赴地投身于学习。如果你在这个时期早恋，必定会分散精力、耽误学习，甚至可能葬送你的前程。将来你长大了，回头看看这段懵懂的岁月，恐怕你心中总有挥之不去的悔意。

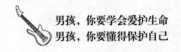

其次，容易引发心理问题。青少年的身心比较脆弱，一旦被恋爱问题纠缠，很容易出现各种心理问题。比如早恋中的移情别恋、失恋等现象，一些男孩往往经受不住打击，造成心情抑郁、精神恍惚，整天萎靡不振，或闹出情感纠纷，有的甚至轻生。

最后，容易诱发犯罪。青少年涉世未深、阅历不足，做事往往感情用事，当理智的防线被冲动和轻率攻破时，很容易出现过激行为，从而走向违法犯罪的道路。这种情况一旦发生，就会给早恋双方造成极大的身心伤害，甚至会带来不可弥补的损失。

男孩，早恋是在成熟外衣掩盖下的幼稚行为，真正理智的男孩不应该轻易坠入爱河，为自己稚嫩的心灵套上沉重的枷锁。因此，还是把纯真的情感埋在心底，专注学习和正常的人际交往吧，这才是你应该做的事。具体来说，你应该做到：

1.以学业为重

男孩，正值青春的你朝气蓬勃、激情飞扬，心中充满了远大的理想和抱负。要想实现自己的理想抱负，就必须以学业为重，心无旁骛地刻苦学习，为将来打下坚实的基础。当你把精力放在学习上时，那些对异性的情愫就会减弱很多，你就不那么容易受到爱情懵懂的困扰。

2.理智地面对情感

男孩，青春期的情感是不稳定的，它就像天空中的云彩变幻莫测，转瞬间会消失了踪影。因此，当你对异性的感情持续升温，甚至发热、发烫的时候，你一定要给它浇浇冷水，让感情重新回到理智的轨道上来。你不妨问问自己：学生时期的主要任务是什么？你们的感情能长久吗？这种感情会对你们的前途有什么影响？俗话说，三思而后行，思虑过后再做选择，你可能就不会盲目地发展恋情了。

3.学会果断地拒绝

男孩，青春就像一列高速行驶的列车，目的地就是你心中的理想——也许是一所向往的大学，也许是一个喜欢的专业，也许是一份心仪的工作……沿途的风景很美，你可能情不自禁地想下车去看看，但是，你得拼命地忍住，因为那不是你要去的地方；如果你忍不住下去了，可能就会错过自己的列车，最终与理想失之交臂。所以，纵然有异性向你表白，主动追求你，纵然你心中对"早恋"充满向往，也要学会果断地拒绝，切莫让"早恋"阻挡你追逐理想的脚步。

手淫会影响身体健康吗

很多男孩会在青春期以后就开始手淫，这种行为正常吗？有一则笑话说："98%的男人都有过手淫行为，而另外2%的人在撒谎。"尽管这种说法有些夸张，但它也充分说明手淫的普遍性和正常性。

对于青春期男孩来说，由于生理发展的特点，手淫有时候是不受大脑控制，自然而然发生的一种宣泄行为。因此，对于手淫行为，男孩应该有正确的认识。首先，手淫不是什么肮脏的事，更没有违背天理人伦。其次，手淫可以缓解积蓄已久的强烈性欲，减少青少年犯罪率，减少遗精的发生率。所以，男孩不必有太大的精神压力。

但是手淫一定要有"度"，如果长期频繁手淫、过度手淫，对身心健康无疑是不利的。长期频繁手淫会导致阴部大量充血，局部血液循环变差，免疫力随之下降，造成精神不集中，记忆力下降。还会加大龟头的敏感度，可能诱发神经衰弱、早泄、阳痿，甚至会影响以后的性生活和生育。所以，手淫一定要节制，切勿沉迷。

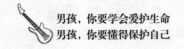
　　江门市蓬江区某小学六年级男生小武以前是个听话的孩子，但是前不久妈妈发现一个奇怪的现象——以前小武的内裤都是妈妈洗，后来小武不再让妈妈洗，而要自己洗。为此妈妈留了个心眼，很快就找到了原因：原来，小武竟然躲在房间里看黄色视频，边看边手淫，直接射在内裤上。事后他因为害怕妈妈发现自己手淫，所以不让妈妈给他洗内裤。

　　得知真相后妈妈很是震惊，她不希望小武这样继续下去，但又不知道怎么教育他，害怕一不小心伤了他的自尊心。后来她和丈夫商量，把小武带到江门市青少年宫，向专业的儿童心理老师求助。

　　青春期男孩在看到黄色影像、刊物后，受到刺激，变得兴奋和充满欲望，这是正常的生理反应。他们会由此而变得无法克制自己，继而忍不住去手淫，这也是正常的。但是，如果像小武那样沉迷于黄色影像、刊物，甚至以手淫为乐，那就太不应该了。

　　男孩，青春期是人生的黄金时期，也是求学的关键时期，你应该把精力放在学习上，放在正常的人际交往上，放在强健体魄、锻炼身体、健康成长上。这样你才能像春天的树苗那样茁壮成长，长大成材。对于手淫行为，千万不能放纵自己，但也不必刻意去忍耐，你要做的是：

1.消除容易诱发手淫行为的外部条件

　　对于手淫，你要做的是以预防为主。如果没有预防住，到了无法克制的地步，那不妨顺其自然地发生，事后你也不必苦恼，背负沉重压力。具体而言，要消除哪些容易诱发手淫行为的条件呢？

　　（1）避免穿着太紧的裤子，因为内裤、外裤太紧会给生殖器带来压迫感和不适感，行走的时候容易导致生殖器与裤子摩擦，引起手淫的念头。因此，你可以让父母帮你购买宽松透气的裤子，特别是内裤。

　　（2）养成规律的作息习惯，不要懒床。青春期容易发生晨勃，早晨醒来若不及时起床，在柔软舒适的被子里，容易产生手淫的念头。另外，睡觉时最好侧卧，不要趴着睡，那样容易压迫生殖器，诱发手淫的念头。

（3）洗澡时水温不宜过热，清洗生殖器的时间不宜过长。否则，在舒适的水温冲击下，在沐浴露的作用下，你也可能会忍不住手淫。

（4）远离性刺激，杜绝观看黄色影像、书刊。因为黄色影像、书刊很容易刺激男孩产生性冲动。

2.走出家门，积极参与到集体活动中

青春期男孩如果性格孤僻，不爱交友，不爱参与集体活动，喜欢一个人待在房间里，往往比较容易产生无聊感，继而诱发手淫的念头。因此，建议你多走出家门，多和同学、同伴交往，积极参与到集体活动中。这不仅可以丰富你的业余生活，让你每天过得充实而有意义，还可以在活动中释放你体内分泌过旺的荷尔蒙，释放你多余的精力。这样自然就会冲淡你手淫的欲望。

3.如果克制不了，那就让它自然发生

对于身体的欲望，如果你实在克制不了，那就让手淫自然发生吧，不必有负罪感。手淫时，要注意周围环境的安全，选择不会被他人随意打扰或窥视的私密场所，这是对个人隐私必要的保护。手淫时还要注意卫生，手淫前要把手洗干净，避免手上带有的细菌感染生殖器官。手淫后清洗生殖器官和双手。如果不慎弄脏了内裤、床单或被套，应及时清洗、晾晒。

青春期性行为不可取

性行为是男女爱情发展到一定阶段的表现，也是人类繁衍最重要的一种方式。但这并不是说恋爱的两人就可以随意发生性行为，特别是正值青春期、处于求学阶段的早恋者，发生性行为是不可取的。

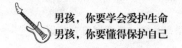
2019年5月5日，云南省丽江市华坪县检察院的官方微信发布了一条《华坪检察院首例'训诫帮教'助涉罪未成年人顺利回归社会》的信息，该信息背后，牵扯的是这样一起案件：

15岁男孩小华（化名）和12岁女孩小红（化名）都是在校中学生，两人在早恋期间自愿发生了性关系。这件事被小红的父母发现后，向公安机关报了案。公安机关向华坪县检察院提请批准逮捕小华。

自愿发生性关系为什么会被批捕？因为我国《刑法》明确规定：与不满14周岁的幼女发生性行为构成强奸罪。经审查案情和多方面综合考虑，华坪县检察院最终对小华做出了不予逮捕决定，并从"案结事不结"帮教挽救的角度开展训诫工作。

在这场训诫会上，检察官和公安人员从法律、情理、伦理道德等多方面对小华进行了批评教育，并鼓励小华多与父母交流，把精力放在学习上。同时，他们也对小华的父母进行了批评教育，督促父母对孩子多管教，多关心，多从精神上关爱孩子。

具体来说，青春期性行为不可取有这样几点原因：

首先，青春期性行为可能影响将来的婚后正常性生活。一对少男少女婚前性行为，往往是在男方克制不了性冲动和女方处于害羞、紧张甚至是恐惧的状态下进行的，彼此都有一定的羞耻感、非法感，生怕父母、老师和其他同学知道，这样就很难获得生理和精神的双重愉悦。初次性行为的不和谐，可能会给婚后性生活带来障碍，导致女方在较长的时间，甚至一辈子厌恶性生活，从而影响婚后正常的性生活。

其次，青春期性行为会影响身心健康。青春期少男少女缺乏必要的性卫生常识，很容易给女孩造成阴道损伤和泌尿系感染等，给女方身体带来损害。更严重的是，由于少男少女缺乏必要的避孕常识，很可能造成女孩意外怀孕。一旦意外怀孕，对女孩的打击会非常大，会严重影响女孩的身心健康。当然，也会给男孩造成极大的心理压力和精神困扰，如果女孩意外怀孕而不得不做人工流产手术，作为男孩的你是否会心怀愧疚呢？

青春期性行为看似美好，实则弊端多多，不仅会给少男少女身心造成伤害，还会影响正常的学习和生活，甚至影响将来的婚姻幸福。所以，男孩，你要对自己的人生负责，更要对女孩的人生负责，切莫因一时的欲望而酿成苦果，后悔终生。

那么，怎样才能有效预防青春期性行为呢？

1.拒绝早恋，正常交往

早恋是引发青春期性行为的一大前提条件。对于正处在求学阶段的男孩来说，如果你没有早恋，也就没有性伴侣，性行为基本就不会发生。当然，也有男生因克制不了欲望和其他异性发生性关系的案例，但这毕竟少之又少。因此，男孩如果能拒绝早恋，积极追求正常的人际交往，那么就可以有效地防止青春期性行为的发生。

2.抵制诱惑，远离"刺激源"

色情书刊、视频影像就像精神鸦片，是刺激男孩性冲动、诱发男孩性犯罪的罪恶之源。多少青少年强奸案，就是在色情信息的助推下发生的。因此青春期男孩一定要自觉抵制诱惑，避免看、听有关性刺激的影视视频、音频，净化自己的生活环境和内心环境。

3.代偿转移，丰富业余生活

男孩，你是否经常独处，脑子里想着有关性方面的问题，或特别留意身边的女孩，对她们展开无限遐想，或者经常和同伴谈论性话题？如果你的回答是肯定的，那你要赶紧"刹车"，尝试把自己的注意力转移开，不要总关注与性有关的东西，而要丰富自己的业余生活，多参加一些体育、文娱活动，让自己的身体接受锻炼；多观看一些积极向上的影视，让自己的思想和灵魂受到美好事物的熏陶。

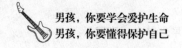
4.抵御诱惑，避免性行为发生

青春期男孩对于异性的主动追求或表达出的好感，往往是没有抵抗力的。因此，即使你不去恋爱、不主动要求发生性行为，但万一有喜欢你的女生，或对你有非分之想的女性主动诱惑你，你该怎么办呢？这时你应该克制自己的欲望，弱化对方的欲望。比如，耐心劝导，婉言回绝她，提醒她不要冲动，让她在你的缓冲、减震作用下，恢复理智，冷静面对现实，避免性行为发生。

拒绝看色情影视和书刊图片

如今社会上的各种色情信息、黄色诱惑，如同夜晚的幽灵一样，常常在人们毫无防备的状态下映入眼帘，有时连成人都不免中招，像你这样懵懂的青春期男孩就更容易受到它们的影响了。因此，当你接触到色情影视和黄色书刊时，一定要抵制它们的诱惑。否则，任由色情影视和黄色书刊引诱你，你会越陷越深，直至无法自拔。

家住广州市天河区的陈女士打电话告诉记者，她刚上初中的儿子沉迷于网络上的"激情"视频聊天，原来成绩很好的他如今成绩一落千丈。

据陈女士讲述，儿子今年13岁，刚上初中。他原来成绩很好，也很听话，一直是老师眼中的好学生、同学眼中的学习榜样、亲戚朋友经常夸奖的对象。暑假的时候，她和丈夫商量决定买一台台式电脑，好让儿子利用假期学点电脑知识。为了防止儿子迷上网络游戏，他们明确规定：不准儿子在电脑上安装任何游戏。

后来，陈女士和丈夫发现，虽然儿子没在电脑上玩游戏，但学习却越来越没动力。上初中后的几次月考成绩都比以前下滑了很多，平时老师布置的作业，有时候儿子也完不成。陈女士还发现，儿子每天吃完晚饭就迫不及待地回房间。问他待在房间干什么，他就说找资料学习，可他第二天起床上学时总是无精打采的。

有一次，陈女士半夜起床，从门缝中看到儿子的房间还亮着灯。她悄悄地靠近，听见里面发出一些奇怪的叫声。虽然她大概猜到儿子在看什么，但是当她轻轻推开门时，还是被电脑上播放的内容惊呆了。只见屏幕上一年轻女子正半裸上身，对着儿子搔首弄姿，嘴里发出诱人的声音。儿子正看得津津有味，居然没发现妈妈站在身后。

后来陈女士了解到，儿子平时上网就喜欢聊天，并从同学那儿获知了"激情"视频聊天，在认识了几个"激情"视频的固定"聊友"后，就变得如痴如醉，成绩也一落千丈。

男孩，看到这个案例，你有什么感想呢？这些色情影视内容低俗，只会给你带来一种劣质的感官刺激，污秽你纯洁的心灵，给你传递一种扭曲的性观念，还会影响你的爱情观、价值观和人生观。

男孩，正值青春期的你，对于色情信息往往缺乏足够的免疫力和抵抗力，很容易被这些文化"垃圾"所诱惑，甚至沉迷其中不能自拔。为此，建议你：

1.与不良媒体直接划清界限，不打开、不浏览、不传播

男孩，青春期的你身心正处在发育中，对事物的辨别能力还比较弱，但是在强烈的好奇心、内在需要和外界刺激的三重作用下，你往往会从一开始的好奇、关注发展到后来的主动欣赏，当你体验到朦胧性意识的勃发时，你可能沉迷于色情信息。这对你的身心健康是极为不利的。因此，一定要与不良媒体划清界限，在收到别人分享的链接时，要做到坚决不打开、不浏览、不传播。

2.不要浏览黄色网站，拒绝观看色情电影和视频

男孩，你在使用网络时，不要浏览一些黄色网站，或者观看一些色情

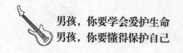
影视作品，以防受到黄毒侵害。必要时可以安装一些绿色上网软件，通过设置网址黑名单和关键字两种方式来过滤不良网站或普通网站中的不良信息，创造一个绿色、健康的上网环境。此外，如果你在上网时遇到一些不良的网站，还可以向网络监管部门举报，让更多的青少年免于受到黄毒的侵害。

3.正确对待优秀爱情文艺作品中的性描写

正值青春期的孩子们，喜欢欣赏言情小说、爱情诗歌、爱情电影和爱情歌曲，这是再正常不过的事情。但是，这类作品中可能也会存在一些性描写，这种情况下就需要对描写爱情的文艺作品具备一定的分析能力和鉴别能力，要学会运用正确的眼光来吸收爱情作品中的营养。否则，即便是一些优秀的文艺作品，如果不能用正确的思想去阅读，也会产生不良后果。当然，对于那些用赤裸露骨的男欢女爱、令人血脉偾张的视觉激荡来满足个人低级趣味的作品，一定要坚决抵制。

男孩，你的成长具有不可逆性，一旦淫秽色情信息真正进入你的心里，是很难被剔除的，这不仅会影响你的世界观、人生观，甚至会导致道德滑坡、心理畸形、生活颓废等一系列问题。所以，你一定要坚决抵制黄色小说、影视等淫秽色情信息或内容。

男孩也要避免遭受性骚扰或性侵害

据有关部门调查显示，2016年全国被公开报道的儿童性侵害（14岁以下）案件共有433起，778名儿童受害，其中719人为女童，占92%，还有8%的受害者是男孩。这份数据报告表明性骚扰和性侵害的受害者不只有女孩。

男孩小炎（化名）是北京一所重点高中的高一学生，长相英俊，身材匀称，外向活泼。有一次，他和一名同学去酒吧玩，这家酒吧正是这名同学的哥哥开的。在酒吧里，小炎认识了一名二十多岁的男青年，两人聊得很愉快，还互留了微信。回家后，那个男青年就给小炎发微信，说下周末和几个朋友准备去郊区爬山，问他要不要一起去。

哪个男孩不爱郊游？小炎高兴地答应了。

就在那个周末，在郊外的帐篷里，小炎被3个男青年性侵害了。小炎怎么也想不明白，自己是个男孩子，这种事情怎么会发生在自己身上，不是只有女生才会遇到这种事吗？

虽然小炎被性侵害的例子不带有普遍性，但却能说明当前的一个社会问题——男孩也可能遭遇性骚扰和性侵害。因此，男孩要有自我保护意识，避免自己成为性骚扰和性侵害的受害者。

那么，男孩应该怎样避免遭受性骚扰和性侵害呢？

1.正确认识性骚扰和性侵害

什么叫性骚扰？什么叫性侵害？对于这两个问题，男孩，你必须搞清楚。要不然，当你被人性骚扰或性侵害时，还浑然不知就麻烦了。在这方面，有一个典型的例子：

在某公共浴室里，一个五十多岁的男人盯上了一旁13岁的男孩。他先和男孩攀谈起来，不一会儿，就把男孩带到一旁的洗手间。这一幕引起了另一位先生的注意，当他找到洗手间时，发现那个男人正在玩弄男孩的生殖器，并说："这样可以变得粗大！"男孩还在那里一个劲儿地傻笑，完全没有意识到自己正在遭受性侵害。

性骚扰是指一方用各种方法去接近另一方，而另一方不喜欢、不愿意、

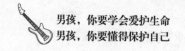

很反感这样的接近。比如，语言挑逗、触摸身体敏感部位、在公共场所通过性的方式使对方感到难堪。常见的性骚扰行为，如在公共汽车上故意用身体的某个部位擦蹭你，或故意紧贴着你的敏感部位，或强行触摸你的敏感部位；再如给你讲情色笑话或故事，对你进行有关性的暗示，给你看色情书刊、图片看，等等。

性侵害是指加害者以威胁、权力、暴力、金钱或甜言蜜语，引诱胁迫他人与其发生性关系，或在性方面对受害人造成伤害的行为。比如，别人引诱你和他（她）发生性行为，或通过暴力行为侵害你身体的敏感部位。

当你搞清楚了性骚扰和性侵害后，再遭遇类似的情况时，你就能够意识到自己是否正在遭受骚扰和伤害了，就知道去拒绝和反抗了。

2.明确性骚扰和性侵害的对象

提到性骚扰和性侵害，人们首先想到的受害对象是女性、女孩。所以，家长总是对女孩说："放学早回家！""下晚自习要和同学结伴而行！""坐公共汽车要小心坏人！""不要在同学家留宿！"而对于男孩，这类担心和提醒则很少。家长一般更担心男孩在外面惹是生非，结交了不三不四的朋友。殊不知，男孩在性安全方面也和女孩一样面临着诸多不确定的风险。所以，我们要郑重地告诉你："男孩，你也可能会成为性骚扰和性侵害的对象。"

3.搞清楚实施性骚扰和性侵害的人

在很多人看来，"性"是异性之间发生的事情，实施性骚扰和性侵害的人自然是异性。其实，同性之间也会发生性骚扰和性侵害。因此，对男孩而言，在预防女性对自己实施性骚扰和性侵害的同时，还要预防男性对自己实施性骚扰和性侵害。

除了明白男性和女性都会对自己实施性骚扰和性侵害以外，男孩还必须认识到，熟人和陌生人都可能对自己实施性骚扰和性侵害。比如，亲戚朋友、邻居、同学家长或比较熟识及曾经认识的长辈等，尤其是那些对自己特别热情的异性长辈，无论你多么尊重她，都应该保持防范意识，时刻在内心筑起一道思想防线。

对于熟人都要有所防备，对于陌生人就更要防备了。特别是在公共场合，面对陌生人对你做出的过分亲密的举动，你应该明确地说"不"，并与之保持距离。

具体来说，当你遭遇性骚扰或性侵害时，可以这样处理：

（1）当陌生人对你不怀好意地上下打量时，你最好表现得若无其事，或换个地方站，或退步抽身。

（2）当你在拥挤的电梯或公共汽车内，遇到有人故意抚摸、擦碰你时，你可以先提醒对方："把你的手拿开！"或"别碰我！"以引起公众的注意，有助于对方知难而退。如果对方不听劝告，继续骚扰你，你可以向公交车司机、售票员求助，叫他们报警。

（3）当别人向你展示色情刊物、图片，与你分享色情网站、视频时，你要用坚定的语气对他说："我不感兴趣，请你拿走！"或者说："你再这样我就报警了！"

记住，当你遇到性骚扰和性侵害时，不要胆怯、不要低头、不要沉默，而要设法引起公众的注意，这是保护自己的好办法。实施性骚扰和性侵害的人，都是害怕见光的人，他们往往胆子不大，只要你勇敢地戳穿他们，他们就会像过街老鼠一样，处在人人喊打的尴尬境地，很快就会溜之大吉。

第七章

意外伤害，
男孩比女孩更容易受伤

　　意外无处不在，有人说"谁也不知道明天和意外哪个先到来"，对于好奇心和冒险心强的男孩来说更是如此。因此，相对于温顺乖巧的女孩，男孩更容易受到意外伤害。所以，男孩学会预防意外伤害是非常重要的自我保护措施。

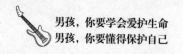
暑期是溺水高发期，一定要当心

伴随着炎炎夏日，漫长的暑假也开始了。原本这是中小学生放松身心的时候，却成了很多父母格外担忧的季节。因为暑假是中小学生意外伤害事故高发期，"溺水"是其中的"头号杀手"。有数据表明，中国每年平均有近3万名儿童溺水身亡，溺水是中小学生非正常死亡的主要杀手。

2017年6月16日晚，广东省恩平市横陂镇某村一名12岁男孩小华在游泳时发生溺水事件，经抢救无效死亡。据了解，这已是当年恩平第三例小学生溺水死亡事件。

小华是一名留守儿童，父母长期在外地打工，平时他跟着爷爷生活。溺水事件发生的那天下午，爷爷把小华从学校接回家。到了傍晚6点，爷爷叫小华吃饭，发现小华不见了踪影。当时爷爷并没有在意，以为小华只是出去和小伙伴玩耍忘了回家吃饭。

到了晚上7点30分，爷爷见小华仍未回家才紧张起来，于是他赶紧发动村民四处寻找。经过半个多小时的搜寻，村民在该村附近的石塘边发现了小华的衣服、鞋子，但是不见人影。大家立即报警并想办法在石塘打捞，晚上9点左右小华被打捞起来并就地进行抢救，随后又送往医院抢救，但已经于事无补。

尽管每年暑假临近时各地中小学都会三令五申地开展防溺水教育，但每年暑假青少年溺水死亡事件还是会见诸报端。每个溺亡事件的背后，都有亲人们的痛哭流涕，甚至是一个家庭的支离破碎。

男孩，相信你很清楚，游泳是夏季锻炼身体和避暑降温的好方法，适当地游泳不仅可以给你带来心理上的愉悦，还能够增强你的心肺功能，提高你的肢体协调性，促进你的身体发育。但是游泳的前提是保证安全，如果不能确保安全，千万别冒着溺水的危险盲目为之。所以，当你打算去游泳时，最好牢记以下几点：

1.不要私自下水游泳，而要让大人陪同

如果你私自下水游泳，一旦出现危险，那你就会孤立无援，这是非常危险的。上面案例中的小华，就是因为私自下水游泳，才导致溺水后得不到及时救助，最后发生悲剧。所以，青少年游泳最好结伴同行，12岁以下的孩子要有大人陪同，这样万一发生呛水、溺水等危险情况，大人也好及时施救，帮你脱离危险。

2. 游泳须选择正规场所，切勿"野泳"

有资料显示，每年的暑期溺水死亡事件中，事故多发地都是江、河、湖、水库等野生水域。因此，游泳要选择正规的、有救生员的游泳场所，千万不要去江河、水库等水域"野泳"。未知水域除了缺少应当具备的安全防护设施外，而且你根本不清楚水域深浅、水下是否平坦、水质是否清洁、水底是否有危险动物等，因此在这种水域游泳风险很大。

3.下水前适当热身，避免出现抽筋等现象

下水游泳之前，适当热身可以提高心血管系统及呼吸系统的功能，使血液循环和物质代谢加快，还可以提高运动系统的工作能力，使肌肉弹性及力量增加，扩大关节活动范围。这对于防止游泳运动创伤有很大的帮助，还可以避免入水后身体出现不适，从而大大降低溺水的风险。比如，甩甩胳膊、伸伸腿、扭扭腰，往身上扑腾一些水，并用水拍打胸口、后背和四肢等。

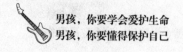
4.游泳时最好穿上高质量的救生设备

有些男孩盲目相信自己的水性，认为自己会游泳，没必要穿救生衣、戴救生圈。甚至为了挑战自己或向同伴炫耀，贸然地跳水和潜水，这是很危险的。男孩，即使你的水性很好，我们也奉劝你穿上高质量的救生设备，做到有备无患。

5.不要在水中嬉戏打闹或吃东西

即使在正规的游泳场所，几个小伙伴结伴游泳，也不能在水中追逐、嬉戏打闹，以防不慎呛水窒息；也不要在游泳的时候吃东西，以免被呛住。要知道人在游泳的时候，心肺功能会受到较大的考验，这个时候如果吃东西，很容易因呼吸不畅而被呛。

6.每次游泳都要控制好时间

虽然游泳是一项健康的体育运动，但也要适可而止，切勿长时间游泳，把自己搞得疲惫不堪。因为当你疲惫不堪时，发生溺水的风险就会增加。科学的游泳时间应控制在30到60分钟。

7.见人溺水切勿盲目下水施救

青春期男孩都有英雄主义情结，遇到有人溺水时，可能会奋不顾身地下水施救。这种行为固然能够彰显英雄气概，但也存在很大的风险。在不少溺水死亡事件中，有些男孩就是因为见到同伴溺水而盲目施救，结果不但没有救起同伴，还把自己的生命葬送了。

也许你会说："我的水性很好，我一定能把同伴救上来。"但你也许有所不知，溺水者在见到有人相救时，往往会本能地死死拽住施救者，导致施救者无法充分施展自己的水性，最后体力耗尽而与溺水者双双溺亡。

所以，当你见到有人溺水时，除非有确切的把握，否则不可贸然下水救人。当然，这不是让你袖手旁观，你在岸上可以呼喊大人、报警、抛木板或救生设备，还可以用长竹竿把对方拉上岸。

不小心被烧伤、烫伤，第一时间怎么做

烧烫伤是我们生活中十分常见的意外伤害，比如，被沸水、热粥、滚油、蒸汽等烫伤。男孩相对于女孩来说更顽皮，你们爱尝试、爱探索、爱冒险，在家里总是闲不住。加之做事毛手毛脚，不计后果，稍不注意就可能发生烧烫伤事故。

2017年寒假的一天，15岁的小华一个人在家看电视。看了一会儿，他感到口渴，就去一旁倒水喝。他打开热水瓶，开始往水杯里倒水，这时电视里出现了一个精彩镜头，他循声望去，全然忘了手头正倒着开水，结果水从杯子里漫出来，泼洒到他的脚上。

他感到一阵灼热的疼痛后，马上跳了起来，结果手中的热水瓶"哐当"一声掉到地上摔碎了，滚烫的开水溅起来，烫伤了他的脸。他尖叫一声，马上跑到洗手间照镜子，发现被烫伤的地方已经通红。他本能地打开水龙头，用冰冷的水往脸上抹。尽管脸上被烫伤的地方还是很疼，但疼痛感减缓了很多。

就在这时，妈妈回来了，得知小华被烫伤后，马上打来一盆冷水，让他把鞋子脱掉，在冷水中浸泡被烫伤的脚。同时，妈妈还用湿毛巾冷敷小华的脸。15分钟后，妈妈带着小华去医院检查。医生检查完小华的伤情后，告诉他们："烫伤并不严重，开点药擦一擦就可以了。你们在被烫伤后的处理方法正确且及时，大大缓解了伤情。"

男孩，当你不小心被烧烫伤后，如果能够正确而及时地处理，往往可以大大减缓伤情，为后续治疗提供有利的条件。反之，如果你错误地处理或处理不及时，那么就无法缓解烧烫伤，反而会加重伤情。

急诊室的医生发现，不少家长在孩子被烧烫伤后，马上用盐、酒精给

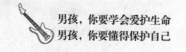

伤口处消毒，或涂抹牙膏、芦荟膏、红药水、鸡蛋清、酱油，甚至往伤口上撒碱面、倒白酒等。殊不知，这样不仅会加重孩子的疼痛感，还会加深创伤面，使医生难以确定创伤的大小和深度。于是，医生不得不先帮孩子清洗创伤处再施救，这既费时费力，又增加了孩子的痛苦。

那么，被烫伤后正确的处理方式是什么？很明显，小华和他妈妈的处理方法是正确的，下面我们就来说说在被烫伤后如何科学地自救。具体来说，要牢记五个字：

1.冲——冷却伤口

男孩，当你被烧烫伤或身边的人被伤烫伤后，千万别慌张犹豫，赶紧找冷水，用冷水冲洗伤口至少10~15分钟，冲洗的时间越早越好。如果你在野外被烧烫伤，也应该迅速找到冷水冲洗伤处。如随身携带的矿泉水或附近的河水、溪水等，都可以用来冲洗烧烫伤处。如果是用自然界的水冲洗创伤处，降温后应继续用干净的水冲洗创伤处，防止感染。

需要注意的是，在给创伤处冲水时，水流要从伤口中央漫向四周，以减少对伤口的感染。男孩，这里还要特别提醒你一句，发生烧烫伤后，不要用大量冰块冷敷，因为冰块温度过低，会促使血管强烈收缩，影响创口愈合。

2.脱——远离热源

如果烧烫伤表面被衣服覆盖住了，那么衣服上也会有较高的温度，所以必须脱掉衣服才能让体表远离热源，否则会加重伤情。在脱衣服的时候，一定要避免衣服和受伤的体表有摩擦，防止皮肤被扯破，必要时应该用剪刀剪开衣服。然后，再用冷水冲洗烧烫伤表面。

3.泡——缓解疼痛

如果你身边没有流水，可以在水盆中浸泡创伤处。每浸泡三五分钟，就应更换盆中的水，以保持水的温度和清洁。浸泡时间一般控制在15分钟左右，这样可有效地减轻疼痛。但如果是大面积烧烫伤，应避免过长时间浸泡于冷水中，以防体温流失。

4.盖——防止感染

做完以上三个步骤后，你可以用干净的纱布或棉质的布类把烫伤处轻轻地盖住。这样做是为了防止细菌感染，因为烧烫伤如果被感染，会增加救治难度，严重的甚至会危及生命。

5.医——专业治疗

简单处理好烧烫伤后，你必须赶紧去医院，不可耽误治疗时机。你可以让父母带你去医院，如果父母不在身边或你所在位置离医院较远，也可以拨打120，请求专业的救援。如果烧烫伤比较严重，你最好去治疗烧烫伤的专科医院，进行专业的治疗。

最后，我们要特别提醒你，发生烧烫伤后，千万不要揉搓、按摩、挤压烫伤的皮肤，也不要用毛巾擦拭，或刺破水泡。相反，你应该保护水泡，因为水泡是伤口的天然屏障，水泡破裂，伤口就会面临感染的危险。

提高警惕，远离交通事故

近年来，青少年交通事故发生率逐渐高升，造成的家庭悲剧数不胜数。这不得不引起我们的重视。2016年中国交通部门的一项统计数据显示：在中国，每年有近2万名青少年因交通事故而伤亡，其中死亡人数超过7000人。公安部交管局发布的数据显示，近年来，每年6~8月是青少年交通事故发生最多的月份，约占全年同类事故的三分之一。

2016年2月16日，云南省玉溪市一名10岁男孩在某红绿灯处闯红灯横穿马

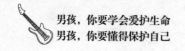
路，被驾驶二轮摩托车正常行驶的石某撞倒，受伤严重，后经医院抢救无效死亡。交警部门表示，男孩在有交通信号灯的路口闯红灯横穿马路，是造成此次事故的主要原因。

仅仅两个月后的4月17日，玉溪市又发生了一起青少年交通事故，一名8岁男孩在小区门口的马路上玩耍，追逐攀爬郝某驾驶的轻型货车货箱右侧车门，不慎摔落在地，被货车的右后轮碾压受伤，经送医院抢救无效死亡。事故认定，小男孩攀爬驾驶中的车辆是造成此次交通事故的主要原因。

这两起交通事故的发生，与青少年缺乏必要的交通安全意识有很大的关系。从小到大，老师和家长就不断地教育孩子，过马路要遵守交通规则，走人行横道。可为什么还是有些孩子视交通信号灯如无物呢？说到底是交通规则意识不够强。所以，男孩，你一定要树立良好的交通安全意识，提高警惕，让自己远离交通事故。

1.强化交通安全意识

在日常生活中，你可以充分利用各种机会，认识和了解各种交通信号标志，丰富自己的交通安全常识，增强交通安全意识，树立良好的文明交通习惯。比如，你和父母一起出行时，对于路上的交通标志，有不懂的可以问父母；马路上车来车往，不是玩耍嬉戏、追逐打闹的地方，切莫把马路当成游乐场；为了自己的安全，请走人行道，而不要走机动车道；不要追逐、攀爬行进中的汽车……当你有了较强的交通安全意识后，交通事故发生在你身上的概率就会大大降低。

2.安全文明地过马路

每年因过马路引发的交通事故不胜枚举。过马路看似是一个简单的事情，但对于青少年来说，却是个值得特别强调的事情。我们经常看到一些孩子特别是男孩，过马路时全然不顾马路上的车辆，突然就鲁莽地横冲直撞，这样发生交通事故的概率非常大。

男孩，为了自己的安全，你一定要文明地过马路。首先，有交通信号灯的地方，要严格遵守交通规则，从人行横道上过马路。如果没有交通信号灯，也没有人行横道标线，那你在过马路之前，应该先驻足观察来往车辆，在确保安全的前提下通行。通行的时候，要保持正常的步调，切莫奔跑。如果不能确保安全，那么宁等三分，不抢一秒。另外，走在马路上，不要埋头看书、玩手机或听音乐。

3.骑车时要注意安全

青少年每天往返于家庭和学校之间，有的孩子有父母接送，还有些孩子自己步行或骑自行车上下学。自行车简单易学，给青少年出行提供了便利，但也为青少年交通安全埋下了隐患。

要知道，青少年相对于成年人，心理上不够成熟，行为上的支配力有限，骑车技能可能不熟练，遇到突发事件时反应能力也不强。加之男孩本身冒险心理强烈，喜欢骑车竞速、相互追逐逞能，所以很容易发生交通意外。

《中华人民共和国道路交通安全法实施条例》规定：驾驶自行车、三轮车必须年满12周岁。骑自行车时，要各行其道，靠右骑行，不能载人，不能闯红灯，不走快车道，不逆向行驶，不并排骑行、猛拐、互相追赶，不牵引、攀扶车辆，不双手离把。男孩，这些你都能做到吗？如果做不到，请不要骑车上路。

4.养成良好的乘车习惯

男孩，当你乘车出行时，要养成良好的乘车习惯。比如，乘坐小车、大巴车时，要自觉地系好安全带。系安全带是一种习惯，不能因为出行路途较短，就觉得没必要系安全带。在乘车过程中，不要把头、手伸出窗外，不要随意拨动车窗升降器或车门开关。如果搭乘的车辆没有安全带，比如，父母骑电动车带你出门，那你要双手抓紧可抓的地方，切莫在车上摇晃、嬉闹。如果同伴提出骑车带你，在你不确定对方骑车技术的情况下，最好拒绝，而不要把自己的人身安全交到别人手上。

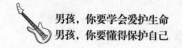

玩耍、打闹时如何避免意外受伤

对青少年来说，意外伤害是无处不在的，就连那些快乐的玩耍、打闹中也可能藏着危险，稍不注意就可能造成意外伤害，伤害自己或别人。

2015年9月的一天，某中学两名学生张某与李某课间休息时在楼道里嬉戏。张某对李某说："我敢从楼梯的扶手上滑下去，你敢吗？"说话间，张某嗖的一下从楼梯扶手上快速滑了下去。张某在下滑的过程中，由于惯性使然，越向下速度越快，就在快到楼梯尽头时，他的身体失去了平衡，头部朝下重重地摔了下去，结果造成头部被严重擦伤，右臂在撑地的过程中严重骨折。

李某赶紧下楼，准备扶起张某时，才发现张某已经动弹不得了。于是，他马上向班主任报告情况，随后班主任拨打120将张某紧急送往医院，并向张某的父母打电话告之。经医生检查，张某除了右手骨折和头部擦伤外，并未发现其他部位受伤。但"伤筋动骨一百天"，张某在住院治疗期间花了1万多元，因为医药费的问题，张某父母与学校产生了纠纷，严重影响了张某学习。

男孩总是那么爱冒险，爱尝试各种新奇的玩法，全然不顾行为背后可能存在的危险。这就是男孩相对于女孩更容易意外受伤的一大原因。在这个案例中，张某因冒险的玩法给自己造成了伤害，又给父母造成了一定的经济损失，还影响了正常学习。男孩，相信你肯定不希望类似的事情发生在自己身上。

除了玩耍，男孩之间还喜欢打闹，打闹的时候，经常没轻没重，丝毫意识不到可能发生的危险。比如，同学之间打闹，用书砸对方；同学准备落座时，后面的同学突然把凳子抽掉，导致对方"扑通"一声坐到地上；同学走路时，在一旁伸腿使绊子；等等。这些看似正常的打闹也可能存在危险。

2013年7月26日下午，某校初一男生徐某在自习课上和邻座同学赵某打闹，他拿书朝赵某头部扔去，只见赵某轻松躲闪，并接住书回扔过去，结果徐某躲闪不及，右眼角被书打到。顿时，徐某痛得大哭，后被老师送至医院治疗，检查结果出来后，大家震惊不已，徐某右眼出现功能性损伤，视力从原来的1.5下降到0.8。结果，徐某父母要求赵某家长和学校赔偿相应的治疗费、伤残补助费、精神损失费等共计10万元。

男孩，看到这样的案例后，你是否意识到玩耍、打闹也要注意场合和方式呢？

1.这些地方不要玩耍、打闹

玩耍、打闹一定要注意场合，如电梯里、楼梯上、马路边、河边、野外沟壑边、动荡的车厢里、窨井盖上、停车场等，这些地方就不适合玩耍，更不适合追逐打闹。因为这些地方本身就存在诸多不确定的意外因素，如飞驰的汽车、穿梭的行人、晃动的环境、无处不在的沟沟坎坎，一旦不慎摔跤，就很可能发生危险。所以，男孩，你一定要认清玩耍、打闹的场合与环境，切勿在以上"危险"的地方玩耍、追逐打闹。

2.这样的动作不要随便尝试

同伴、同学之间如果没有玩耍、打闹，那童年就会失去很多乐趣。但玩耍、打闹时一定要注意，有些动作或行为是不能随便尝试的。比如，从过高处往下跳；在没有保护措施时，在秋千、双杠、滑梯上做危险动作；攀爬较高的围墙、树木；从沟壑的这边往那边跳；游泳的时候从高处往水中跳；等等。

另外，除了自己玩耍的时候不能做危险动作，和同伴、同学玩耍、打闹的时候，有些动作也是不能做的。比如，不能用东西砸对方，特别是不能用坚硬的东西砸向对方的头部；不能趁别人走路时，突然伸脚绊倒对方，更不能在对方跑的时候伸脚"使绊子"，否则对方可能会摔得很重，十分危险。

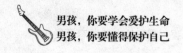
再比如，不能趁别人准备坐下时，从后面突然抽掉凳子，导致对方一屁股坐到地上，甚至后仰磕碰到头部。

3.这样的东西不能随便玩

玩耍、打闹往往离不开玩具，对于男孩来说，很多东西可以成为玩具，给男孩带来快乐。比如，地上的石子、雨后的水坑、掉落的树叶、路边的棍子等，但有些东西本身就存在一定的"杀伤力"，如果再用来当作玩具玩耍，甚至去打闹，就更加危险了。比如，刀子、仿真枪，以及一些尖锐的物品，如笔、圆规、钉子、图钉等，都不能作为玩具用于玩耍，更不能用这些物品攻击别人。

最容易发生触电事故的几种情况

对于电，相信每个男孩都不陌生。它是人类科技进步的成果，也是我们美好生活不可或缺的重要能源。但它也有危险的一面，如果人不小心触电，有可能会危及生命。所谓触电，是由于人体直接接触电源，有一定量的电流通过人体，使组织损伤或出现功能障碍，甚至导致死亡。在我们的现实生活中，青少年触电事故并不少见。

2017年8月，江西省庐山市某镇某村有4名学生考上了大学，这对于一个小小的自然村来说是难得一见的喜事。当月29日，村里按照当地的习俗，搭好了戏台，邀请戏班来唱戏，为4名即将进入大学的学子们举行欢庆活动，同时也想激励其他学子争取在学业上取得好成绩。

就在全村欢庆的时刻，一件令人意想不到的事情发生了。晚上8时许，村里一名13岁男孩在戏台边玩闹，不慎触碰到电线，当场被电流击伤。村民迅速拨打120，将孩子送到市人民医院抢救。不幸的是，孩子最终没有被抢救过来。

电流看不见、摸不着，而一旦摸着了就危险了，那说明你触电了。触电有四种基本形式：分别是单相触电、双相触电、接触电压触电、跨步电压触电。下面我们针对这四种触电形式，介绍最容易发生触电事故的几种情况，同时介绍预防触电的技巧。

1.单相触电

单相触电是生活中最常见的触电形式，通常是指人接触到带电设备或线路中的某一相导体时，电流通过人体流经大地回到中性点。这是触电事故发生最常见的原因，比如，触碰到带电的电线的破损处、触碰到漏电的插线板的插孔、用铁丝等导电物品插墙壁上的插孔等，这些行为都很容易引发单相触电事故。

上面案例中的触电事故，就属于单相触电。小男孩由于不慎触碰到带电电线的破损处或漏电的插板的插孔，导致单相触电身亡。这个触电事故告诉我们：不要随便触碰电线和插板，尤其不要触碰电线的破损处、插板的插孔，更不能用导电物品戳插线板的插孔。如果你发现家里插线板的电线有破损的地方，应及时提醒父母，让父母把电闸关掉，用专用的胶带将电线的破损处包裹起来，以防触电。

2.双相触电

所谓双向触电，就是一个人同时接触到两根相线，或者相电压和相电压之间的触电。这种触电事故发生的概率不大，生活中不太容易出现，但一旦发生，危险性却比单相触电大得多。因为这种触电事故一旦发生，电流会在人体中形成回路，造成严重灼伤，甚至死亡。这种情况，触电持续的时间越长，电流对人体的伤害就越大。

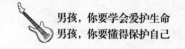

3.接触电压触电

所谓接触电压触电，通俗地说就是接触到电气设备导致触电。尽管电气设备都会安装接地保护装置，但如果接地保护装置不规范，或是由于零火线接错等因素造成电位分布不均，就可能形成一个电位分布区域。在这个区域内，当人体与带电的设备外壳接触时，就会发生触电。比如调皮的男孩在变压器下面玩耍，不慎触碰到变压器，或钓鱼时不慎把鱼线、鱼竿甩到河边的变压器上导致触电。

为了防止接触电压触电事故发生，你一定要远离大型的电气设备，比如，户外的变压器、小区的配电箱等。

4.跨步电压触电

所谓跨步电压触电，指的是人在距离高压电线落地点8~10米范围内的触电事故，电流沿着人的下身从一只脚流向到腿部，再流向跨步，又流向另一只脚，与大地形成通路。这种触电形式让人觉得莫名其妙，因为离高压电线还有一段较远的距离。这就警示我们，一定要远离高压电区域。

万一遇到这种触电情况，能救命的只有两招：一是双脚并拢，像影视剧里的僵尸一样跳行，至少要跳出离高压电区域20米；二是单腿跳步，抬起一条腿，只用一条腿跳离高压电区域至少20米。

以上是四种常见的触电方式，只要平时做好安全防护，有意识地远离破损的、漏电的电线以及插线板，远离高压电区域，发生触电事故的概率还是很低的。当然，就算遇到触电的情况，只要你掌握一些基本的防触电常识，还是可以化险为夷的。具体来说，就是在触电的瞬间，一定要快速把手、脚及其他与电器、电线接触的部位缩回来，或以最快的速度切断电源，比如关闭电源开关、拉下电闸、挑开电线等，这是脱离触电危险的首要原则。当同伴发生触电时，你在救援的时候也要先切断电源，或用干燥的木棍、竹竿把电线挑开。千万不要直接去拉对方，否则，你也会触电。切断电源后，要立即拨打急救电话，寻求专业的医疗救治。

防火于未"燃"，男孩要懂的防火常识

2019年5月6日凌晨，广西省桂林市雁山区某镇某村民自建出租房因电动车充电引起火灾。起火的房屋共6层，其中有3～6层均为出租屋，租客多是附近的学生。由于火灾发生在凌晨，很多人还在睡梦中，因此造成了严重的后果。据统计，这次火灾造成5人死亡，7人重伤，29人轻伤。

近年来，因电动车充电着火而引发火灾的案例屡见不鲜，它严重威胁了居民的生命财产安全。对于青少年来说，所受到的火灾威胁其实并不只是来自于电动车充电着火，还有各种各样的火灾原因。因此，男孩有必要增强防火意识，了解基本的防火常识，学会防火于未"燃"，保护好自己的生命安全。

1.学习防火知识，不让火灾因己发生

预防火灾，人人有责。男孩，你应该学习防火知识，从自身做起，绝不让火灾因为自己的疏忽而发生。具体来说，要注意以下几点：

（1）不玩火。尤其是当你单独在家时，千万不要拿着打火机烧东西玩。

（2）不要乱扔烟头。吸烟有害健康，有些青少年明知故犯，不光偷偷抽烟，还乱扔烟头，殊不知，这会埋下严重的火灾隐患。因为烟头的表面温度高达200℃～300℃，足以引燃棉麻、纸张等固体物。男孩，你一定不要吸烟，从源头上杜绝乱扔烟头。

（3）小心燃烧的蜡烛、蚊香。停电的时候我们会点蜡烛来照明，夏天的时候我们会点蚊香以驱蚊。但要记住，切莫将点燃的蜡烛和蚊香放在床头，或放在易燃物旁边。当你离开房间时，一定要熄灭所有的蜡烛，更不要点蜡烛熬夜，以防引起火灾。

（4）小心电器着火。出门时最好关闭电源开关；充完电的电器，应及

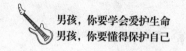
时拔除充电器，因为充电器长时间工作会不断蓄热，很容易引起火灾。如果你住宿舍，尽量不要用热得快、电褥子、电炉子，不要乱拉电线、违章用电或用纸做灯罩，等等。

俗话说："粒火能烧万重山。"很多火灾都是源于一个毫不起眼的火星，因此，预防火灾应保持高度警惕，不可掉以轻心。

2.掌握火灾应对技巧，智慧地火海逃生

预防火灾重于泰山，高于一切，但是千防万防，也保证不了火灾永远不发生。万一哪天真的发生火灾了，你是否能智慧地火海逃生呢？这就考验你的应变和自救能力了。下面就教你几招火灾应对技巧，让你能够从容地应对火情，智慧地从火海脱险。

（1）如果出现火情，还未达到火灾的程度，你可以尝试先灭火。灭火时切勿盲目泼水洒水，因为如果火灾是因电线短路引起的，那么泼水灭火是非常危险的。因此，灭火前为安全起见，最好关闭电源，然后使用灭火器灭火。

怎样使用灭火器呢？一般来说，先提灭火器的提把，迅速赶到着火处。在距离起火点5米左右处，放下灭火器。使用前，先把灭火器来回晃动几次，使筒内干粉松动。如果使用的是内装式或贮压式干粉灭火器，你应先拔下保险销，用一只手握住喷嘴，用另一只手压下压把，干粉就会喷出来。如果你还是不知道该怎么使用灭火器，不妨找个机会，让父母教你实践操作几次。

（2）火灾发生时，要把保护生命安全放在第一位，切莫贪恋财物。同时，尽快拨打119报警电话，并说明着火建筑的具体地址。

（3）当机立断披上浸湿的衣物、被褥等，向安全出口方向跑。穿过浓烟区域时，要尽量使身体贴近地面，并用湿毛巾捂住鼻子和嘴巴。

（4）如果衣服着火，千万别奔跑，而要就地打滚，压住火苗以灭火，或者快速脱掉衣服。

（5）整栋大楼遭遇火灾时，切莫乘坐电梯，因为电梯很可能因为火灾断电，而无法正常运行。

（6）如果室外着火，最好不要开门，以防火势窜入室内，而要用浸湿的被褥、衣物等堵住门缝，并往门上泼水，增加门窗着火的难度。

（7）如果逃生路线被大火堵住，切勿盲目跳楼、跳窗，而应退回室内，从楼上往下抛衣服求救；如果是在晚上，可以用手电筒发出光线求救；无论何种情况，都要冷静地等待救援。在室内等待救援，最好的办法是躲在卫生间，把水泼洒在地上、门上进行降温，还可以从门缝向外喷水，以达到降温和控制火势蔓延的目的。

地震来了，一定要知道的避震常识

一说起地震，大家就会感到害怕，因为地震总是悄无声息地来，杀伤力又是那么的恐怖。1976年7月28日的河北唐山大地震，2008年5月12日的汶川大地震，都曾是我国历史上极为严重的地震。残垣断壁的受灾现场，真叫人触目惊心。

除了那些特大地震，每年还有数不尽的小地震。据中国地震台网上的一项统计，全球每年约有500多万次地震发生，即每天要发生上万次地震。只不过其中绝大多数震级太小，小到人们感觉不到。而真正能对人类造成严重危害的地震，每年大约有十几二十次，对人类造成特别严重灾害的地震，每年大约有一两次。

男孩，为了不让自己在这些能对人类造成伤害的地震中成为悲剧的一员，你必须掌握避震常识，在地震来临时有效地保护自己。要知道，生命是

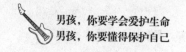

无价的，地震中一些小细节可能会在你危难时拯救你的生命。

地震发生后，首要原则是保持镇定，切莫慌张，这样可以有效地防止盲目行动造成的伤亡。当年唐山大地震时，不少北京人感到强烈的震感后，惊慌失措地往外跑，被一些从楼上掉下来的东西砸伤、砸死。可以说，这些人不是死于地震，而是死于慌乱和盲目。所以说，地震发生时最忌讳的是慌乱，正确的做法是保持镇定，然后根据你所在的环境有针对性地避震。

那么，当地震发生时，你应该怎样避震，从而保护好自己呢？

1.室内避震策略

地震的发生具有突发性，让人措手不及。如果地震发生时你正在室内，切勿冲出房屋，这样被砸伤的可能性极大。你应该选择躲在室内结实、易于形成三角空间的地方或空间小、有支撑的地方，比如卫生间、承重墙、桌子下面，而不要躲到阳台上、厨房里。身体应保持蹲下或坐下的状态，尽量蜷曲身体，降低身体重心。手要抓住桌腿等牢固的物体，并用抱枕保护好头颈、眼睛。

在晃动停止并确认户外安全后，你应果断离开房间。如果你住的是平房，应快速冲到房屋外的空旷地带。如果你住的是楼房，应走楼梯而不是乘坐电梯下楼。如果你在宾馆，应该走安全通道。

如果你在公共场所，比如，商场、电影院、体育馆、地铁里等，切莫乱跑乱窜，不要涌向出口，以免造成踩踏事故。越是人多的地方，越要保持冷静，因为这些地方最容易发生混乱。明智的做法是避开玻璃门窗、玻璃橱柜或玻璃柜台和高大不稳定货架，并按照商店职员、保安警卫、工作人员的指挥，有组织地撤离。如果地震发生时你在学校上课，应在老师的指挥下迅速抱头躲到桌子底下，或有组织地撤离出教室，到学校操场或其他空旷地带，绝不能乱跑或跳楼。

2.室外避震策略

当地震发生时，室外的安全性相对来说高一些，因为室外便于你跑到空旷的地带。但要注意的是，地震会造成高空坠物，很容易砸伤行人。因此，一定要避开高大建筑物，如楼房、高大烟囱、水塔等，也不要在过街天桥上或天桥下停留。还要避开高耸危险物或悬挂物，如路灯、广告牌、变压器、电线杆、吊车等。

如果地震发生时你在野外，要设法避开山坡、山崖、陡崖，以防山崩、地裂、滚石、滑坡、泥石流等。如果遇到山崩、滑坡，千万不要顺着滚石方向往山下跑，而要横向跑动或躲在结实的障碍物下并保护好头部。如果你在海边、湖边，要尽快离开，以防地震引起海啸，对你造成伤害。

如果地震发生时你在行驶的车内，要抓牢扶手，以免摔倒或碰伤。同时降低重心，躲在座位附近，等地震过去再下车，并迅速跑到空旷地带。如果地震造成的晃动很大，你无法控制身体平衡，那就不妨躺在地上。

最后，你最好学习一首《防震减灾宣传歌谣》，这首歌的歌词朗朗上口，里面都是避震知识。如果你能把歌词牢记于心，关键时刻可能会救你的命。

> 避震知识是良方，遇到地震莫仓皇；
>
> 震时行动要果断，犹豫不决最遭殃；
>
> 平房速跑出门口，楼房避险有文章；
>
> 切忌跳楼乘电梯，不靠窗边和外墙；
>
> 可往卫生间里躲，可向坚固桌下藏；
>
> 双手护头莫直立，须避落物防砸伤；
>
> 公共场合听指挥，避免拥挤别慌张；
>
> 一旦埋压要冷静，先保呼吸得通畅；
>
> 寻找硬物作支撑，以防余震造新伤；
>
> 等待救援有耐心，保存体力留希望；
>
> 学会技能多演练，受用一生保安康。

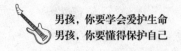
野外遇险时的求生技巧

《钱江晚报》曾报道这样一则新闻：

2014年8月，重庆市南川区头渡镇柏枝溪上游连降暴雨，山洪突发，直接导致下游头渡镇处在短时间内迅猛涨水。当时正是户外露营的好时节，一些在头渡镇前星村、烛台峰、老街后面等处露营的"驴友"被困住了。当地消防部门接到"驴友"被困的消息后，在当地政府的领导下连夜开展搜救工作。可不幸的事情还是发生了——5名"驴友"遇难，最小的一个是年龄不到3岁的儿童。

户外活动既可以锻炼身体，又能够放松身心，还可以培养团队协作精神，可谓好处多多。可是野外环境极其恶劣，危机四伏，各种意想不到的灾难可能不期而至。因此，在进行户外活动时，必须掌握一些野外求生技巧，以帮自己化解突如其来的危机，保护好自己的人身安全。

下面，我们就介绍野外比较容易遇到的几种危险，以及应对措施。

1.在野外迷路时

当你在野外，尤其是山上密林里迷路时，你应该怎么办呢？

（1）迷路时，首先要判定方向。一般而言高大的树木枝叶比较茂密的是南边，而树冠上枝叶比较稀疏的是北边。另外，树的北面阳光相对较少，往往长了比较多的潮湿的青苔，而南边青苔则比较少。其次，观察周围的水流，依据"水往低处流"的自然规律，一般顺着水流方向能够找到出路。你还可以利用指南针、地图、太阳等判断方向。实在不行，也可以照着原路返回。

（2）如果一时间判断不出方向，找不到出路，且天色已晚，那你最好找一个安全的地方休息，天亮之后再想办法。比如，找个山洞或可以避风避雨的角落。为了防止山林晚上温度太低冻伤自己，你可以找些干树叶，堆在栖身的地方，这样可以保暖。如果身上有打火机，你还可以找一些干柴，生一堆火，既可以取暖，又可以防止野兽的侵袭。如果你找不到山洞，不得不露宿山林，那你可以把草和树叶塞进内衣和外衣之间，这样也可以起到保暖的作用。

（3）水是生命之源，要确保有水喝。人可以饿几顿，但不能几天不喝水。因此，在山林间迷路了，一定要确保有水喝。山上有水的地方很多，如低洼处、峡谷间，多找找，相信你可以找到水。如果水太脏了怎么办？你可以让水先沉淀一下，或把脏水煮沸之后再饮用。当然，如果情况危急，根本没时间让水沉淀，也没有把脏水煮沸的条件，那你也要用衣物等将脏水过滤一下再喝。

（4）找野果子吃。如果你身上的食物吃完了，肚子饿得难受，你可以在山林里找些野果子充饥。但是有个前提，那就是在无法判断果子是否有毒时，千万别盲目地食用，否则食物中毒就麻烦了。若是几个人同行，要记得把食物和水分给同伴，大家团结一致，才能共同想办法脱离险境。

2.被动物咬伤、蜇伤时

野外各种动物、昆虫时有出没，稍不注意就可能被咬伤、蜇伤，遇到这种情况该怎么办呢？

（1）如果被蛇咬伤，要先判断蛇是否有毒。观察蛇的外表，一般来说，无毒蛇头部呈椭圆形，体表花纹不太明显；毒蛇头部呈三角形，通常头大颈细，表皮花纹比较鲜艳。还可以观察伤口，毒蛇一般有两颗毒牙，伤口上会留下大牙印，而无毒蛇咬人后留下的是一排整齐的牙印。如果被毒蛇咬伤，切勿惊慌，不要快跑，以免毒素快速扩散，而应该用柔软的绳子或布条在伤口上方捆住结扎，阻断或减慢静脉血和淋巴液回流，并用净水冲洗伤口。然后打120求助，尽快赶到医院接受专业治疗。

（2）被蚂蟥叮咬时，不要使劲把蚂蟥往外拉，以防拉断蚂蟥而将其吸

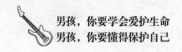
盘留在伤口内，引起伤口发炎。正确的处理方法是，手掌拍击吓唬蚂蟥，蚂蟥受惊后会自动掉下，也可以把风油精、食盐洒在蚂蟥身上，以驱走蚂蟥。

（3）遇到马蜂时，不要跑，以免马蜂追击，而要悄悄地走开。无法避开时，最好趴在地上不动，用衣服保护好头部。如果你被马蜂攻击，不知道怎么摆脱，可以快速点燃柴火，用烟火熏走马蜂。然后涂抹食醋、风油精去除蜂毒，千万不要用红药水或碘酒擦伤口，那样会引起伤口肿胀。之后你可以观察伤情半小时，看是否出现呼吸困难、呼吸声音变粗等症状，如果出现这种症状，要马上去医院救治。

（4）如果被毒蝎子、毒蜈蚣等毒性较大的昆虫咬伤，可以参照被毒蛇咬伤的应对方法，先进行紧急救治，然后尽快去医院救治。

（5）如果被蚊虫咬伤，可以涂牙膏止痒。大多数牙膏里都含有一些抗炎的成分，可有效地舒缓红肿和止痒。

3.不慎摔伤、血流不止时

如果在野外不慎摔伤、血流不止，那止血就是第一步要做的事情，你可以用卫生棉条止血，或用布条把伤口捆住。没有布条时，可以撕掉衣服，或用绳子捆扎伤口。如果只是被轻微刮伤出血，可以涂抹护唇膏，保护皮肤不受细菌感染。

以上是野外遇到危险时的自我救护技巧，当你自己没有能力摆脱危险时，求救于他人就是唯一的出路。如果有通信设备，要尽快报警求助，或联系亲人朋友。如果没有通信设备，那可以想办法发出求救信号。比如，大喊呼救，或点燃干草、树枝制造烟火，吸引周围人的注意，从而赢得救援机会。

第八章

内心强大，
是男孩最好的防卫武器

　　面对危险、伤害或生活中的各种困难和挫折时，每个男孩其实都有自我保护的强大武器，这个武器就是强大的内心。拥有强大的内心，才能在危险、伤害、困难和挫折面前不畏惧、不丧气、不放弃，才能心态从容，保持沉稳笃定，想办法去化解危险、克服困难和战胜挫折。

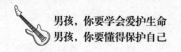

强大的内心是保护自己的最有力武器

男孩，你知道保护自己最有力的武器是什么吗？犀利的语言，强健的身体，还是娴熟的格斗技巧？不，这些都不是，正确答案是"强大的内心"。当你拥有强大的内心之后，你遇到危险时才不会慌张害怕，才不会乱中出错。强大的内心能够让你在遇到危险时保持冷静、拥有智慧，最终帮你脱离危险，绝处逢生。

2017年12月3日下午，武汉某高层住宅的电梯内发生了惊险一幕：6名十来岁的男孩乘电梯去找同学玩，中途电梯出现故障，6名男孩被困于电梯内。幸亏其中一名男孩沉着冷静地处理，才让他和5名同伴获救。

武汉东湖新技术开发区公安分局的民警说，当天下午他们接到一个男孩报警，男孩说他和5名同伴被困在电梯里，请求救助。民警从电话里隐约听到有啜泣声，赶忙问他们在什么地方。报警的男孩非常冷静，他清楚地说出了具体的小区名称，还描述了那栋楼的楼外情况，并说出被困的楼层。

由于情况紧急，民警迅速赶到那个小区，并根据男孩描述的楼外情况确定了具体的楼号。为了快速施救，民警一边安慰被困的孩子，一边给消防大队和物业打电话。在民警、消防官兵和物业电梯维修人员的共同协作下，顺利救出了6名男孩。

6名男孩被困于电梯，是靠什么获救的？也许你会说，他们是在民警、消防官兵和物业电梯维修人员的帮助下获救的。这样说也没有错，但从另一个角度来说，他们靠的是那名男孩的沉着冷静、正确报警获救的，靠的是他那颗强大的内心。

之所以这样说，是因为有些男孩被困于电梯，或遇到其他危险时马上慌了神，不知道怎样应对。哪怕带了手机，但由于紧张慌乱，也不知道该拨打什么号码，或拨打号码后，不能清楚地说明情况、说出自己的具体位置等，导致警察叔叔不能及时赶到事发地救助。所以说，遇到危险时，强大的内心才是保护自己的最有力武器。

曾经有这样一个案例，犯罪嫌疑人一连残害了多名男孩，唯独"手下留情"留下了其中一个男孩。就是因为这个男孩在被控制后，用自己的顺从和配合麻痹了犯罪嫌疑人，并趁犯罪嫌疑人不注意，撒腿拼命奔向人群。由于他之前默默地记住了犯罪嫌疑人的相貌特征和车牌号，事后为警察破案提供了有效的线索，最终将犯罪嫌疑人绳之以法。

想要拥有强大的内心，不是仅凭嘴巴说说就可以的，它需要有周密的措施和行动作为保障。下面我们就来谈谈，在面对危险时怎样表现出内心的强大，怎样保持沉着、冷静和从容，从而帮自己化解危险。

1.深呼吸+自我暗示，努力保持镇定

男孩，人在遇到危险的时候，紧张不安、害怕慌张是正常的心理表现。想要保持冷静和从容，说起来容易，做起来其实很难。比如，当你面对力量悬殊的陌生凶徒时，当你被困于荒郊野外，前不着村，后不着店，举目四望，看不到一个人时，你的内心肯定会怦怦直跳。这个时候该怎么办呢？你可以试着让自己来几次深呼吸，在心里悄悄地告诉自己：冷静下来，我一定可以找到获救的办法！通过深呼吸和自我暗示，让内心的情绪波动慢慢地平复下来。

2.细致观察，记住周围的人、状、物

假设一下，如果你被坏人劫持，或被困于电梯，或在城市、野外迷路

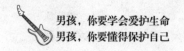

了，这时该怎么办呢？你最需要做的是细致观察周围的情况，记住周围的人、状、物。如果你被坏人劫持了，那你要记住对方的外貌特征，便于之后报警指证。如果你被困于电梯，你要像上面那个男孩一样，说出所在楼层外面的大致情况，好让民警定位你所在的大楼。如果你在城市里迷路了，那么你可以向周围的人问路，或请求对方借手机给你报警，然后描述你所在的大概位置，周围有什么标志性的建筑，比如有什么大楼、有什么商店等。如果你在野外迷路，那你也要大致描述周围的环境，附近有山吗、有河吗、有树林吗？再或者，放眼看远处，看能不能看到城市的大楼，附近的村庄，等等。

3.本着"就近原则"优先向周围人求助

遇到危险的时候，你应该优先向周围的、附近的人求助。比如，不慎落水或同伴溺水时，如果周围有大人，你应该大声呼救，及时向他们求助。这可比你打电话给父母或打电话报警有用。因为父母或警察赶过来需要一段时间，而在情况危急的情况下，时间就是生命。所以，你应该以最快的速度发出求救信号，以确保尽早脱离危险。当然，如果父母就在附近，那就是另外一回事了（这也恰好符合就近原则）。

智慧的大脑是自救的最大保障

男孩，关于遇到危险时如何保护自己，方式、方法有很多。但方法和技巧是死的，具体危险的实际情况却是复杂多变的。遇到危险时，如果你只知道生搬硬套地用老师和父母教过的方法去自救，有可能难以脱险，甚至会招来更大的不幸。聪明的做法是，要结合危险的具体情况，用智慧的头脑去分析险情，因时因地开展自我保护。

2010年8月18日，《武汉晚报》报道过一则这样的新闻：武汉市青山一中学生小姚在放学回家后被两名劫匪捆绑并实施抢劫，他不仅机智冷静地自保，还用削笔刀斗跑了两名劫匪，最后警方成功抓获了劫匪。

报道称，8月17日晚小姚放学回家，刚推开家门，提前进入室内的两名青年劫匪迅速将他控制住，并对他进行了一顿殴打，还抢走了他身上的177元钱。随后，歹徒翻箱倒柜寻找财物。因没有找到值钱的财物，两歹徒强迫小姚打开家中上锁的抽屉。

小姚表面上很配合，就在佯装开锁的时候，他突然抓起桌子上的削笔刀转身向劫匪面部划去。另一名劫匪见状赶紧帮忙，把小姚打倒在地，然后慌乱地夺门而逃。随后小姚拨打了报警电话……

青山区综治委、区见义勇为增进会经过研讨认为，小姚在面对入室的劫匪时沉着冷静，机智灵活地处理，体现了见义勇为的精神，于是授予小姚"青山区见义勇为进步分子"光荣称号，并为他颁发证书和1000元奖金。

男孩，你是不是很佩服案例中的小姚呢？他真是一个有智慧、有勇气的男孩，面对两个青年劫匪，他在实力上完全处于下风，但是他智慧的应对策略让他在关键时刻战胜了劫匪。当然，我们在这里举这样的例子，并不是为了让你模仿，而是为了说明智慧的大脑在遇到危险时的重要性。

首先，在孤立无援，生命受到威胁时，他表现出了应有的顺从，有效地保护了自身安全。

其次，在被要求打开上锁的抽屉时，他表现出了应有的配合，有效地迷惑了劫匪。

再者，在看见桌上的削笔刀时，他果断地抓起来猛地转身向劫匪的面部划去，有效地奋起反击，一举打乱了劫匪的阵脚，让本来就做贼心虚的劫匪

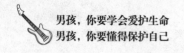
落荒而逃。

最后，在劫匪逃跑后他迅速报警，没有错过让警察抓捕劫匪的黄金时间。

男孩，也许父母会告诉你，面对类似的危险时，不要向歹徒发起反击，以免激怒歹徒，给自己带来生命危险。这种应对策略并没有错，但面对不同的歹徒时，到底该妥协还是反击，要看当时的情况，不能一味地生搬硬套。这不仅需要有强大的内心，还要有智慧的大脑，以便于在危机关头做出最理智的决策。

值得庆幸的是，小姚将妥协与反击完美地结合起来，通过先妥协、先服从、先配合的方式来迷惑歹徒，再通过突然反击给歹徒致命一击，从而摧毁了歹徒的内心防线。在这个过程中，小姚表现出了超高的智慧和超强的心理素质。因此，当你遇到危险时，不论是面对来自大自然的天灾险情，还是遇到来自坏人的危害，都要像小姚那样善于用智慧来自救。具体来说，可以参考以下几点建议：

1.尽可能地拖延时间，耐心等待机会的到来

男孩，你要清楚一点：并不是每一个危险的时刻都适合你自救或求救，哪怕自救或求救也需要抓住恰当的时机。只有时机来临，你的自救或求救才能一举成功，让自己脱离危险。因此，你要学会等待，用你的耐心来换取自身的安全。比如，遇到劫匪劫持时，你可以先表现出服从，用身外之物来换取生命安全。你还可以尝试与劫匪沟通，或找一些理由拖延时间、转换地点，从而让更多的人发现自己遇险，增加你求救的成功率。

2.当自救或求救的时机来临时，一定要果断行动

男孩，当你看到逃跑的机会时，一定要毫不犹豫地撒腿就跑。记住，要往人多的地方跑。你还可以一边跑一边大声呼救，最大限度地引起周围人的注意，以便获得周围人的救援。如果一味地跑直线逃不掉，那就跑曲线，不断地变换逃跑的方向。如果实在跑不掉，那就躲起来，往附近商场里躲，往建筑、树林、灌木丛中躲。

记住，躲不是说躲在一个地方不动，而是通过躲来逃避坏人的直接追赶，然后再悄悄地逃离坏人，逃得越远越好。

同样，当有求救他人的机会时，你也不要犹豫。比如，在被坏人劫持的过程中，看到路边不远处有警察或交警，你可以大声向他们呼救，以增加获救的机会。

3.不要放弃，而要不断尝试各种脱险的办法

男孩，脱险的方式不是只有一种，你要根据实际情况不断地去尝试。不要因为害怕而不敢反抗，或因为一次两次求救失败而放弃求救，成为任坏人宰割的羔羊。你要开动脑筋，尝试不同的方法来自救。比如，被歹徒拦路抢劫时，见有人经过，可以大叫道："爸爸，你怎么来了？"歹徒听到这话，肯定会吓得退却。被人劫持经过商场时，你可以故意在店主的眼皮子底下拿走一件商品，这必然会引起一场"纠纷"，从而为自己创造获救的机会。

遇到危险时，学会利用身边的有利条件

遇到危险时，除了要有足够强大的内心，让自己保持冷静，还要有智慧的大脑，及时想出应对危险的对策。这其中有一个很重要的原则就是就地取材，利用身边的东西自救，帮自己脱离危险。在这方面，有个案例特别发人深省。

2015年7月8日下午4点左右，浙江省台州市椒江区某村一幢五层的民楼起火，火源从二楼向上蔓延。目击者称，当时整栋楼就像一个大烟囱。幸亏

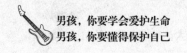

是工作日，大部分住户都不在家。

当消防队员赶到现场时，二楼已经有明火了，楼道里有大量的烟顺着楼梯不断涌上高层。消防队员马上从下往上搜索，当搜索到二楼时，他们听见三楼有孩子的呼救声，于是顺着呼救声在三楼一个房间找到了蜷缩在角落里的一名男孩。

男孩被救出来后，经医护人员检查发现并未受伤。经了解，这名男孩只有11岁，他之所以能平安脱险，除了要感谢消防官兵的及时救助，还得益于他面对火灾时所表现的异于常人的镇定和冷静。

据了解，火灾发生时男孩正在房间写作业。面对滚滚浓烟，他没有冒险冲下楼来，也没有爬向窗台，而是先拨打了火警电话，然后给父母打电话。接着，他把毛巾弄湿，捂住鼻子。他还紧闭门窗，有效地阻隔了楼道里的浓烟。这给消防员的营救争取了足够多的时间。

一个11岁的男孩，面对突如其来的大火，能够如此从容冷静地应对，是否让你感到佩服呢？在这里，除了冷静和机智，他还利用了身边的东西，有效地保护了自己，给消防员营救争取了时间。比如，他把毛巾弄湿，捂住鼻子，防止浓烟呛入鼻子；他关紧门窗，阻断了浓烟进入房间。这就是因地制宜、就地取材自我保护的例子。

其实，这些自救知识并不深奥难懂，这些自救技巧并不难做，只要你认真学习自救知识，也能表现得像例子中的男孩那样，在遇到危险的时候从容应对。

具体而言，遇到危险的时候，你可以利用身边哪些有利条件来化解危险呢？

1.身边的路人

如果你走在路上被坏人跟踪、追赶，或被歹徒拦路抢劫时，你要善于利用周围的陌生人，形成一道自我保护的人为屏障。比如，加快你的脚步，走向人多的地方。必要的时候，你可以向路人求助，或假装和路人很熟的样子打招呼，说："你怎么才来啊，我都等你很久了。"不法分子看到你有同伴，就不会轻易对你做出伤害行为了。

2.附近的店铺

当你觉察到危险临近，或被不法分子控制时，你可以利用附近的店铺、商场甚至是路边小摊贩，以借口"肚子饿了""口渴了"，或是借口"上厕所"为由进入店铺、商场，向店铺里的店员或顾客求助。

3.周围的物品

遇到危险的时候，你可以利用周围的物品来反击。比如，趁不法分子不注意，捡起地上的石头砸向对方的头部，或从地上抓起一把沙土，抛向对方的脸，然后趁机逃跑，或抄起路边的树枝、棍子，扫向对方，趁对方防备不及赶紧逃跑。

如果是在室内，那么你可以利用的物品就更多了，比如凳子、水果刀、剪刀、茶杯、遥控器、餐桌上的盘子等。总之，你觉得反抗的机会到了，就要果断地利用周围的一切物品作为武器。

4.随身的物品

遇到危险的时候，你可以利用身边的东西实施自救或求救。比如，你可以用随身携带的书包、雨伞、保温杯等物品与坏人搏斗。如果身边没有物品怎么办呢？不用担心，就算你被关在什么东西也没有的房间，你身上不还有衣服吗？不还有鞋子吗？这些东西，在某些情况下也可以成为你自救或求救的工具。比如，你把鞋子脱掉，从窗户扔下去，以吸引路人的注意，然后向路人发出求救信号，叫路人帮助报警。再比如，你把衣服脱掉，当作绳子，从窗户上吊下去，或从钢管上滑下去。当然，这样做的前提是你能确保自己的人身安全，在楼层不高的情况下才可以这样做。

值得注意的是，遇到不同的危险时，所利用的身边的东西也是不同的。比如，发生火灾时，最好用湿毛巾捂住嘴巴，或用湿毛巾、湿布条堵住门

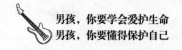
缝。遇到同伴溺水时，可以利用身边的竹竿、河边垂钓者的鱼竿、河边的木板等物品施救。遇到电梯故障，身边什么东西都没法利用时，你可以用力地拍打电梯壁，向外发出求救声响。总之，应对危险的策略是灵活多变的，你要学会因事因地制宜，灵活地应对。

男孩自我保护的4大技巧

男孩，不知你是否发现：在任何一项危险面前，最重要、最关键的防卫措施往往来自于你自己。换言之，在面对危险时你必须掌握一些自我防卫、自我保护的技巧，这才是对你自身安全最大的保障。下面，我们来看看一个男孩的日记，看他是如何通过自我保护来脱离危险的。

星期五的下午，放学后我一个人走路回家。当我走到卫生所附近时，见前方在修路，就绕道而行，打算从另外一条小路回家。走着走着，突然后面有人说："小弟弟，你放学啦？"我回头一看，是一个陌生的中年叔叔。

"嗯，放学了！"我随口回了一句。

"我是你爸爸的同事，你不认识我了吗？前几天我还去你家了呢！"陌生人笑着说。

我仔细看了看他，脑子里不停地回忆，但一点印象都没有。我问他："你也是出租车司机吗？"

"对！对！我也是出租车司机，你爸爸叫我来接你！"这时他从包里拿出一瓶饮料递给我，说："给，这是叔叔给你买的！"

我心里想：爸爸根本不是开出租车的，他一定是坏人。想到平时电视上看到的不少坏人骗小孩的案例，我意识到自己遇到了骗子。于是我灵机一动说："我爸爸没跟你说吗？我从来不喝这种饮料的！我喜欢喝矿泉水，你可以带我去商店买水吗？"

"没问题的！赶紧去吧！"说着叔叔拉着我的手，往不远处的商店里走。

刚走进商店，我就指着迎面而来的另一位男子说："舅舅，你怎么也在商店啊？你买什么啊？"刚才还拉着我手的陌生男子一下子紧张起来，马上松开了我的手，慌张地说："我有事先走了！"然后就往外面跑，一眨眼就不见了踪影。

这个案例告诉我们，自我保护意识和自我保护技巧非常重要。对待突然出现的陌生人要有防范意识，特别是当陌生人自称是你父母的朋友，说要带你去见父母，而且拉住你的时候，你更要格外警惕。当你感觉到陌生人心怀不轨，意识到自己有危险时，要有与陌生人周旋的智慧，并掌握摆脱陌生人控制的技巧。

当然，在生活里男孩可能遇到的危险并不只是来自陌生人，还包括来自于方方面面可能的危险。下面我们就来介绍一下，男孩在遇到不同危险时的自我保护的技巧：

1.外出和父母走散时，别急着四处寻找

当你和父母外出旅游，或去商场购物时，如果你不慎和父母走散了，这个时候你最好不要乱跑，四处寻找父母。明智的做法是，先在走失的地方等待一段时间，等父母回来找你。如果你等了一段时间后，父母一直没有来找你，你可以采取下一步行动——用恰当的方法寻找他们。如果是在景区，你可以找景区工作人员，让他们通过景区内的广播联系你父母；如果你在城市里，可以找交警或协警帮忙；如果在郊区或乡镇，你可以打听当地的派出所、乡政府、村委会所在地，向这些部门求助。

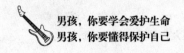
2.陌生人给你东西时，要学会礼貌地拒绝

常言道："害人之心不可有，防人之心不可无。"对待陌生人，你要多个心眼儿，多一点自我防护意识。对于陌生人热情分享的食物、饮品等，你最好礼貌地拒绝。比如，陌生人递给你一块饼干，或递给你一瓶水，你可以说："我不饿，不想吃东西，谢谢！""我不口渴，不想喝水，谢谢！"

除了吃的、喝的，陌生人还可能送给你比较有诱惑力的礼物，比如一个游戏机，一辆遥控小汽车等。这时你就要想一想：别人无缘无故地给你东西，是否另有所图呢？如果对方是陌生人，你对他根本不了解，请果断拒绝。这既是一种基本的礼貌，也是自我保护的重要技巧。

3.独行被人跟踪时，要学会聪明地甩掉对方

有一天放学后，强强见妈妈没来接自己，便心想："反正家离学校不远，我已是个小男子汉了，能自己回家。"于是他很自信地一个人往家里走。他一边走一边玩，这时有个中年男士跟着他走走停停。等他进了小区，那个男士快步上来对强强说他也住在这个小区，然后问强强家在几号楼几室……

像这个例子，当你独行被陌生人跟踪时，你一定要想办法"割"掉这个尾巴。简单的方法是，观察路边是否有执勤的交警，如果有，赶紧走过去求助，直接告诉交警："有坏人跟踪我"，或跟着路边某个大人一起走，假装他是你的家长或亲戚，跟他聊天，向他求助。

如果你一路上没有甩掉"尾巴"，而且一直被跟到单元楼里，而且你知道父母不在家，这种情况下你可以随便敲开其他住户的门，只要别人开门，你就走进去。要知道，大家都是小区的邻居，你可以进到别人的家暂时躲避跟踪，还可以向他们求助。坏人见你进了家门，而且家里有大人在，一般都会放弃跟踪。

4.被人勒索钱财时，保住人身安全最重要

如果有一天，你在路上或在校园的某个角落被几个青年男人堵住，他们要求你把身上的钱财交出来，你会怎么办？这时最好的应对办法是，先保护自己的生命安全，乖乖地把钱交出去。尤其是在校外，在周围没有其他人的情况下，你绝不能逞强，毕竟钱是小事，万一被他们揍一顿，身体严重受伤，那就得不偿失了。同时，要记住坏人的样子，事后及时报警。

如果你身上没带钱，对方又不放你走，你要尽量和对方说一些好话，告诉他们："我身上没带钱，你可以搜我书包和口袋，要不我带你去我家拿。"或找借口去取钱，然后再找机会求救或逃跑。

求救信号要记清，危难时刻管大用

遇到危险时，要及时发出求救信号，与别人取得联系，以便获得救援。发出求救信号时，要根据自身的情况和周围的环境条件，确保求救信号足以引起人们的注意。

2017年9月的一天晚上，江西德安某高档别墅小区发生一起入室抢劫案。劫匪将男主人和女主人控制住，逼迫他们说出家里保险柜的密码，但他们遗漏了在三楼做作业的小男孩。当小男孩发现家里突然没了动静时，便悄悄地下楼查看情况，才明白家里发生了什么。

小男孩没有惊慌失措，而是悄悄返回三楼的房间。想到床头有一个手电筒，于是他打开手电筒向窗外的行人照去，同时他还写了一张有"快报警，我家有劫匪"字样的纸条，扔到楼下。路人捡到纸条及时拨打了报警电话，

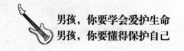

警方及时赶到现场，将劫匪抓住，一家人平安无事。

据说，这个小男孩只有8岁，平时父母特别重视对他进行安全教育，教他在遇到危险时如何保护自己，如何发出求救信号。

在危急时刻男孩没有慌乱，而是用手电筒发出求救信号，引起了路人注意，然后把写好求救字样的纸条扔出窗外，最终使得自己和家人获救。

在夜晚利用亮光发出求救信号，是一个很显眼、很容易引人注意的求救方法。除了利用手电筒发出求救信号，还可以在危险的时候发出以下几种求救信号：

1.SOS信号

在野外遇到危险时，可以利用木棍、石头、树枝、大物件等摆出"SOS"的求救信号。如果周围有沙滩，可以在沙滩上用棍子或石头划出"SOS"这几个字母。为了便于高空中的飞机或人看到你的求救信号，这几个字母一定要画得足够大，足够显眼。

2.烟火信号

在野外遇险时，可以点燃三堆火求救，白天可燃烧潮湿树枝，夜晚可点燃呈三角形的火堆。需要注意的是，每堆火之间的间隔相等最为理想，即等边三角形。如果条件有限，点燃一堆火也行。

要注意的是，如果是在白天，点火的目的是产生浓烟，因为火在白天不够显眼，而通过烟雾则很容易显示你的方位。怎样制造浓烟呢？你可以试着点燃一堆火，然后在上面放一些新鲜的树枝、青草等植物，这样就很容易产生大量的烟雾。如果是晚上，浓烟相对于明火则不那么明显，因此点火制造巨大的亮光，才能达到发出求救信号的目的。

3.声音信号

距离较近时，可以大声呼喊、呼救，或敲打盆子、桌子、门窗等发出响声来求助。比如，被困在电梯里时，可以大声呼救，还可以结合敲打电梯壁，发出声响求救。需要注意的是，如果是吹哨子求助，最好按照"三声短三声长，再三声短"的规律去吹，然后间隔半分钟再重复。

4.抛物信号

当在高楼上遇到险情时，可以从高空抛下枕头、衣服、空饮料瓶等不易砸伤人的物品，引起楼下行人的注意，同时也指明了具体的方位。曾经有这样一个案例，一个女孩遇到入室抢劫的坏人，她悄悄地将衣服从窗口抛下，最终成功获救。

5.反光信号

利用手边可以反光的物体反射阳光，以引起人们的注意，其中玻璃、镜子是最理想的反光物品。当然，任何明亮的材料都可以反光，比如金属饭盒、罐头盒盖、金属薄片等。如果是在晚上，可以用手电筒发出反射光线。如果是在无人区，那么就要注意环视天空，当有飞机靠近时，可以快速反射出信号光。

6.地面标志信号

在比较开阔的地面，如草地、沙滩、雪地上制作标志，以发出求救信号。比如，把青草割成一定标志图案，或在雪地上踩出求救标志，还可以用树枝、海草等拼成标志信号，与高空、高处的人们取得联络。请记住几个简单的大写英语单词，它们相对于汉字来说，更容易制作，如SOS（求救）、DOCTOR（医生）、HELP（帮助）、INJURY（受伤）、LOST（迷失）、WATER（水）。

7.摩尔斯电码求救信号

利用光线、声音、敲击等方法发出SOS的信号，确保频率是3短—3长—3短。每发送一组后，稍微停顿一下再发。地震发生时，很多被压在地下的幸存者采用的就是这样的方法，最终获得了救助。

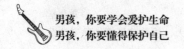
关键时刻懂得拨打110、120、119报警电话

2018年10月的一天，一则"报警"新闻上了热搜：

一名南京的大学生搭乘末班公交车回学校，到了终点站才意识到自己坐反了车。这时候她距离目的地13公里，由于天色漆黑又没有什么路灯，怎么也打不到车，于是她拨打了110报警电话。

大学生："我这里没有公交车也打不到车，回不去了，怎么办啊……"

接警员："小朋友，不要哭啊，先告诉我你在什么地方，好吧？"

大学生："我在朱岗村公交站……"

接警员："小朋友，先不要哭好吧？告诉我你人现在在哪里？"

……

遇到困难找警察本是无可厚非的事情，可让接警员感到无比吃惊的是，已经18岁的大学生居然像个小孩一样一边带着哭腔，一边慌乱地描述自己的情况，完全没办法说清她所在的位置。在一番安抚后，女孩的情绪才有所平复，最终接警员搞清楚了她的位置，并用警车将她平安送回了学校。

相比之下，2018年7月17日晚上十点多，杭州市滨江区某派出所接到一名7岁小男孩的报警，他的表现却得到了警察的肯定和表扬，而且他的报警录音还被网友评为"报警教科书"。

接警员："喂，110！"

小男孩："我是个小孩子，我爸爸妈妈今天晚上不在家，我现在很害怕！"

接警员："那你现在在哪里？"

小男孩："××广场。"

接警员："然后呢？"

小男孩："杭二中对面，四幢×楼。"

接警员："你爸爸妈妈的电话能不能告诉我一下？"

小男孩："×××××××××××，这是我妈的手机号。"

接警员："你爸爸的电话呢？"

小男孩："我爸爸的电话在家里，但我爸爸妈妈不在家，而且鞋子也没拿走。"

……

接警员："那你先在家里等一下，我们通知派出所民警过去！"

电话里，小男孩虽然有些惊慌，但仍然逻辑清晰、口齿清楚地讲述家庭住址和报警原因，这让接警员感到惊讶。由此可见，报警也是一项技术活儿，能不能正确地报警与年龄没有直接关系，关键是平时要有应有常识的学习和锻炼。

那么，究竟该如何拨打报警电话，以及打通电话后需要说明哪些情况、提供哪些必要的信息呢？下面我们就结合几个重要的报警电话，具体介绍什么时候应该拨打什么电话，以及拨通电话后应该说明哪些必要信息。

1.110

当发生杀人、放火、强奸、抢劫、盗窃、斗殴等刑事、治安案（事）件时，当发现自杀、坠楼、溺水者时，当发现老人、儿童或智障人员、精神疾病患者走失时，当公众遇到危难孤立无援时，应立即拨打110报警。

要及时、就近报警，若情况紧急，当时无法及时报警，那么应在制服犯罪嫌疑人或脱离险情后，迅速报警。

报警时要按照民警电话中的提示讲清楚基本情况：求助的原因，犯罪嫌疑人的数量、特点、携带的武器，报警人所处的位置、姓名、联系方式，现

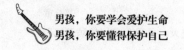
场的状态如何，等等。注意表达清晰，如实表述，不能夸大、歪曲。

作为未成年人，报警时应首先保护好自身安全。其次，要保护好现场，以便民警赶到现场提取痕迹、物证。最后，积极配合到场民警进行调查。

2.120

当需要医疗急救服务时，要拨打120急救电话。切记保持镇静，说话清晰、易懂。

第一要讲清楚病人的年龄、性别，以及所处地址，务必要具体到房间号，如果不知道确切地址，至少要说明是哪条街，有哪些标志性的建筑物等。

第二要讲清楚病人的典型症状、发病时间，以及现在的表现和状态，比如昏迷、呕吐等。如果是意外受伤，则要说明受伤的原因及受伤部位的情况等。

报警后务必保持电话畅通，如果有条件尽可能到路口去引导救护车的及时出入。

3.119

当发生火灾时，要沉着冷静，立即切断电源，然后再拨打119报警电话。

简单明确地说明起火地的详细地址，一定要具体到门牌号；说明起火的原因、是什么燃烧物着火、目前的火势大小、周围是否有易燃易爆的物品等。

讲清楚现场人员情况，有无伤亡，以及被困人员。

报警后要保持电话畅通，最好到路口指引消防车尽快赶赴现场。

在等待救援时，如果火情发生了变化，一定要及时告知，以便消防人员调整力量部署。

除了以上报警电话外，还有以下几个报警电话需要牢记，以便更好地保护自己。

（1）122交通事故报警电话。当发生交通事故时，可以拨打此电话请求救援。

（2）999红十字会紧急救援电话。当遇到困难需要帮助，但是又不适合报警时，可以拨打此号码。

（3）12110短信报警。当电话报警不方便时，可以把案情简短描述后，并附上地址发送短信报警。

（4）12395是水上搜救电话。当乘坐轮船或者在海水里游玩发生事故时，拨打此电话会有专业海警实施救援。

男孩，在遇到危险的时刻，报警电话就是你的一线生机，一定要掌握这些必要的报警电话和报警知识，在关键时刻懂得利用它们，保护自己。

第九章

任何时候
生命都是最宝贵的

　　人生最宝贵的东西是什么？是生命，因为有生命才有希望，有生命一切才有可能。对于任何一个人来说都是如此。因此，男孩要认识到生命的可贵，在尊重自己生命、珍惜自己生命、爱护自己生命的同时，也要尊重他人的生命。

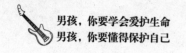
生命是一次单程的旅行

近年来，青少年犯罪、自残、自杀的新闻屡见报端。为什么这些孩子小小年纪就因各种问题选择轻生？为什么因为小小的摩擦，就对他人实施暴力伤害？这里面或许有很多原因，有的是因为学习压力大，有的是因为同学之间的矛盾，有的是因为情感问题，但根本原因还是生命意识淡薄。

为什么有些男孩的生命意识如此淡薄？追根溯源，是由于父母对孩子生命教育的缺失造成的。孩子不知道生命的可贵，不懂得尊重生命、爱护生命、珍惜生命、敬畏生命。于是，在遭遇挫折和打击时，想不开了可能就会轻生；与人发生矛盾时，冲动之下也容易做出暴力伤人的行为。

殊不知，生命是一次单程的旅行，任何人都不可能重来。如果你因为各种原因放弃了自己的生命，那你将再也不能复生，只能给亲人、朋友留下无尽的痛苦和遗憾。如果你伤害了他人的性命，那么你也将面临法律的制裁和惩罚，或许你还将因此付出自由或生命的代价。当然，这同样会给亲人、朋友带来痛苦和伤害。所以，男孩，你一定要珍惜自己的生命，同时尊重他人的生命。

如何树立强大的生命意识呢？

1.了解生命的意义，才能珍惜生命

"生命的意义是什么？"这是一个长期困扰着人类的难题，每一种答案都是对这个问题的一种诠释，但每一种答案又无法完全回答这个问题的全部。对于处于成长阶段的男孩来说，生命的意义不外乎好好学习、天天向上，热爱生活，与人为善，保持纯真和善良，爱自己，也爱他人。还可以尽

己所能奉献爱心，多做对他人和社会有益的事情。比如，自觉地爱护环境、爱护花草树木、爱护小动物；去敬老院看望老人，到社会福利院做义工照顾儿童；接触大自然中美好的东西，让内心充满正能量。

2.尊重生命，学会与他人友好相处

男孩，尊重生命不仅要尊重自己的生命，还要尊重他人的生命，与他人友好相处。并在此基础上尊重动物、植物的生命，与大自然和谐相处。我们每个人都是社会这个大家庭中的一员，尊重生命、关爱他人是我们的责任和美德。如果你发自内心地关心别人、帮助别人、宽以待人，你就能更好地融入到集体生活中，你就会被爱围绕，生活就会变得更加美好。

3.正视死亡，坦然面对生命的消亡

生命是一条单行道，死亡是无法避免的。它和出生一样，是每个人都必须面对的人生问题。因此，不要害怕和父母谈论死亡问题，对于有关死亡的疑问，你不妨大胆地向父母提问。比如，当亲人离世时，让父母带你去参加葬礼，感受葬礼现场的气氛，感悟一个人离世后，亲友的哀痛之情，以此感悟生命的可贵，从而明白珍惜生命、爱护生命对亲人的意义。

当你的亲人离世时，请不要压抑内心的悲痛情绪，坦诚地表达出来，或放声大哭，或掩面抽泣，或用纸和笔把悲痛之情写出来。不过悲伤终究不能代替你继续生活，悲伤之后还需坦然面对生命的消亡，继续快乐地生活，这样才对得起逝去的亲人。

无论受到多大委屈，都不能自残，也不能残害他人

自残，顾名思义，就是人对自己的肢体和精神进行伤害。一般来说，对

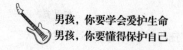
精神的伤害难以觉察，因此若不特别指明，自残主要是指对身体的伤害。自残不等于自杀，自残只是用利器割划自己的皮肤，或通过掐、刺、捏、打、烫等，制造身体的痛觉。自残者并不是真的想死，只是想发泄自身的不良情绪。

近年来，青少年自残行为骤然增多，自残者的年龄也在逐渐降低。自残行为的背后，有家庭的因素，也有学业压力的因素。比如，有个初中男孩，只要父母吵架，他就躲到卫生间里拼命地扇自己耳光；有个高中生，和父母吵架后，用烟头在手背上烫出多个疤；一名成绩优秀的初三学生，一旦没考到第一名，就当众拿刀片割手"自惩"。这样的例子还有很多，下面，我们再来看一个具体的例子。

2018年8月，山西一名14岁男孩因沉迷于手机游戏，多次被父母劝说仍然不改。后来爸爸责骂了他几句，他听后没什么反应，只是走进厨房，拿起菜刀朝自己的手腕连续砍了6刀。幸好没有砍到动脉，加上救治及时，才没有酿成悲剧。

自残是发泄心理上极端痛苦的一种不正常方式。一旦尝试，就会像染上毒瘾一样，很难戒除。原因很简单，自残行为之所以发生，就是当事人为了避免直接去面对令他感到痛苦的事，避免承受那种心理痛苦，于是以自残的方式把它转移成可掌控的生理上的痛苦。虽然把痛苦转移了，但心理上并未真正释怀。所以，它不会使人减轻痛苦，相反还可能会不断卷土重来，使人自残成瘾。所以说，自残行为是非常可怕的。

男孩，自残是极不尊重生命的表现，无论你有多大的委屈都不要自残，也不要残害他人。你要记住一句话：一个人最大的敌人是自己，如果自己不想伤害自己，就不会被自残行为所困扰。那么，怎样才能避免出现自残行为呢？

1.打开心扉，多和父母交流

无论是在学习上，还是在人际交往上，遇到困扰的事情，都应该积极和父母交流，而不要把烦恼、困扰憋在肚子里。父母毕竟是过来人，对于你的困扰通常会有更深入、更理智的认识，可以给你提供有效的指导。比如，你学习很努力，但成绩不见提高，你可以把烦恼说出来，如果父母无法帮助你，还可以向老师请教。

再比如，进入青春期后，你对青春期的男女关系问题有一些疑惑，也可以和父母交流，让父母为你答疑解惑。当你养成心中有了烦恼就倾诉出来的习惯后，你的内心就不会积压那么多负面情绪了，也就不容易出现极端行为了。

2.和父母共同调整期望值

青少年自残行为的出现，还有一个很重要的原因是如今的孩子学业压力过大，特别是父母过高的期望，给孩子造成了沉重的心理压力。当成绩不理想时，父母会在孩子耳边唠叨，甚至批评责骂孩子，言语之中流露出对孩子的失望之情，这会让孩子很痛苦。有些孩子觉得对不起父母，但又苦于短时间无法提高成绩，于是内心压抑，精神高度紧张，进而做出自残行为。因此，男孩，你要学会及时和父母沟通，提醒父母降低对自己的期望值，不要给自己太大的压力。同时，你也要调整对自己的期望值，不要处处要求完美。

3.及时治疗潜在的心理疾病

男孩，自残行为发生还可能源于急性或慢性心理疾病。比如，边缘性人格障碍、抑郁症、恐惧症、强迫症等等。当遇到紧急心理压力时，患者可能会反应消极、行事冲动，继而做出自我伤害的行为。因此，如果你意识到自己可能存在某些潜在的心理疾病时，一定要重视起来，及时向父母说明，尽早治疗，尽快摆脱心理疾病的困扰。这也是防止自残行为发生的有效举措。

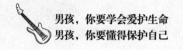
天大的事情都不值得你放弃生命

一份名为《中国儿童自杀报告：中国儿童自杀率世界第一》的文章数据显示，在被调查的2500名上海中小学生中，24.39%的中小学生有过自杀念头，即某个瞬间脑海中闪现出"结束自己生命"的想法。这其中，认真考虑过这个想法的学生占15.23%，计划自杀的占5.85%，自杀未遂占1.71%。面对这样的数据，有人可能会问：他们为什么要自杀？到底有多大的事情让他们想不开，进而丧失继续活下去的勇气？请看看下面这些案例：

2017年4月26日，河南淮阳某校学生小张和小贾因琐事发生口角，后来被同学劝和，再上报给班主任。班主任让小贾在教学楼的走廊里自我反省，没想到班主任刚进教室，小贾就纵身从6楼跳下。

2017年5月5日，北京某附属中学一名男生从家中11楼南侧阳台跳下，原因是前一天考试成绩不理想，被父亲没收了手机，第二天向父亲索要手机未果，于是一时想不开而自杀。两天后，男孩母亲因情绪不稳也跳楼身亡。

2020年9月17日，湖北武汉江夏区某中学3名初三男生在教室玩扑克牌，班主任发现后遂将3名男生家长叫到学校配合管教。其中一位男生的母亲来校后，得知儿子在校玩扑克牌，一气之下扇了儿子两个耳光，然后她就进了班主任办公室。几分钟后，这个男生转身爬上围墙，纵身从五楼跳下。虽然男生被及时送往医院抢救，但还是因伤势太重而死亡。

…………

看到这些血淋淋的真实案例后，我们内心在受到极大触动的同时，也不禁感慨：那些自杀的学生并没有经历"天大"的事，他们自杀的原因看起来都很平常，比如受到老师处罚、手机被没收、考试作弊被发现，等等。

为什么我们视如珍宝的生命，在孩子眼中却一文不值？为什么孩子的内心脆弱到这种地步？说到底，是这些孩子面对困难和挫折时，不能及时地摆脱负面情绪的困扰，无法保持乐观、理智的生活态度。这是逆商低的表现。同时，由于他们对生命缺少正确的认识，不懂得珍爱生命，才导致了一个个悲剧的发生。

因此，现在的孩子需要的不仅仅是文化教育，还有逆商教育和生命教育。简单地说，每个孩子都要学会正确地面对逆境，尊重自己和他人的生命。

男孩，具体来说，你要做到以下几点：

1.培养忍耐力，提升意志力

发展心理学上的"延迟满足实验"表明，那些儿时能够等待和忍耐的孩子，在青少年时期的自控力更强。而在面对挫折和痛苦时，他们的抗挫力也更强，因此未来成功的可能性更大。相比之下，那些没有等待和缺乏忍耐力的孩子，长大后则表现得较为固执、虚荣或优柔寡断，在遭受挫折时容易产生绝望和放弃的心理。因此，男孩，你现在有必要培养自己的忍耐力，提升自己的意志力。

建议你经常去运动，打球、跑步、爬山、骑车等，在挥汗如雨中强健筋骨，提升意志力和忍耐力。你要知道，运动就是你成长的阳光和雨露，可以加速你的身体成长。同时，这也是积极、健康的压力释放和情绪宣泄方式。

2.学会承担责任，勇于担当

在困难和挫折面前，轻易说放弃的人，是缺乏责任感的人，是没有担当的人。这样的人将来走向社会，在工作和生活中遇到问题时往往会找借口逃避，而不是积极思考，想办法解决问题。

男孩，相信你肯定不希望自己变成这样的人。那么，从现在开始就要强化自己的责任意识，做一个勇于担当的人。当你犯了错被老师批评时，要敢于承认自己的错误；当你的手机被父母没收时，要意识到自己玩手机时间太

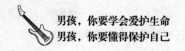

长，父母是为了你着想才这么做的；当你考试成绩不理想被父母批评时，要意识到父母不过是"爱之深、责之切"，要尽快找出问题，争取下次提高。当你有了这种思维改变时，你慢慢就会成为一个有责任感，有担当的人。

3.做一个乐观、理性的孩子

美国可口可乐公司总裁古滋·维塔曾经说过："一个人即使走到了绝境，只要有坚定的信念，抱着必胜的决心，仍然还有成功的可能。"如果每个男孩都具备这种乐观的生活态度，心头就不会被阴霾笼罩，思想就不会走极端。想成为乐观的孩子，首先要记住一句话：没什么大不了！遇到困难和挫折时，记得对自己说："没什么大不了！"然后再去想办法解决问题。

你不仅要做乐观的孩子，还要做理性的孩子。所谓理性，就是理智思考问题，不极端、不冲动。只有具备理性的头脑，遇事时才能够冷静、全面地考虑问题，不至于做出过激的行为，才能够避免伤害自己或者伤害他人。

再大的矛盾都不能剥夺他人的生命

青春期是一个充满混乱和冲突的特殊时期。这一时期，"叛逆"是很多男孩的典型标签。面对青春期的男孩，家长不得不小心翼翼的。因为青春期孩子叛逆真的很可怕，可怕到超乎家长的想象，甚至让人感到后怕。

2018年9月，一起刑事案件在安徽省宿州市埇桥区祁县镇传得沸沸扬扬。该事件发生在9月1日上午10时许，案发地在当地的中心街，一名初中男孩（王某）因琐事与同学（宋某）发生矛盾，并用水果刀将宋某捅伤致死。

目击者说，王某杀完人之后很淡定，待在原地没有离开。有人问他杀了人怎么办，他说："大不了把我杀了。"几分钟后，王某被赶来的民警当场抓获。受害的宋某被送往医院抢救，经抢救无效死亡。

青春期原本是活力四射、朝气蓬勃的年龄，应该好好学习天天向上。却不想冲动之下残忍地剥夺他人的生命，任意践踏法律的威严，做出害人害己且足以让自己后悔终生的事情，真叫人痛心不已。

青少年杀人事件是法治问题，更是教育问题。它所折射出的是家庭教育、学校教育中的一个重大缺陷——"对生命的尊重"的教育缺失。从某种意义上来说，这是教育无效或教育失败的直接后果。

男孩，你可以学习不好，你可以有不好的行为习惯，你也可以脾气不好，但是你的内心不能缺少真、善、美。正如爱因斯坦说的那样："照亮我的道路，并且不断地给我新的勇气去愉快地正视生活的理想，是真、善、美。"因此，任何时候，遇到再大的矛盾都不能剥夺他人的生命，这是对生命最起码的敬畏。

1.管好你骨子里的攻击性

每个青春期男孩的内心都有一头"猛兽"，就像隐藏于海底的鲨鱼。有一天，当有人触动你内心的猛兽时，你就会像鲨鱼那样腾空而起，扑向那个触怒你的人。暴怒之下，你很可能做出伤害他人的行为。有些男孩是父母心中的乖孩子，是老师心中的好学生，是同学眼中的好同学，但却在某个时间节点成为触犯法律的杀人犯。这都是男孩本能的自尊心和攻击性在作怪。

攻击性是男人的天性，青春发育期的男孩也有这种天性。同样的事情，会使男孩产生攻击性，却不会让女孩勃然大怒，而往往只会使她焦虑不安。作为男孩，你必须管好你骨子里的攻击性，拴好那头"猛兽"。为此，你必须明白一个简单的道理：靠武力、暴力是解决不了问题的。

当你与他人发生矛盾时，你可以生气，可以愤怒，甚至可以忍不住地

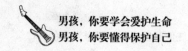

爆粗口，但请管好自己的双手，不要做出伤害他人的行为。比如，不要抄起东西砸向对方，或拿起尖锐物品刺向对方。你不妨提醒自己：君子动口不动手，除非在万不得已的情况下，比如遭到他人的攻击，你才能进行自我防卫。

2.男孩子要正确对待挫折

青春期男孩的自尊心很强，对待挫折又特别敏感，而挫折是导致男孩产生攻击行为的主要原因。心理学家曾做过这样一个实验：让一组男孩在长时间痛苦等待后，去玩他们期待的玩具。而另一组男孩没有等待，直接去玩他们期待的玩具。结果发现，事先没有长时间痛苦等待的男孩玩得很高兴，很爱惜玩具。而那组经过长时间痛苦等待的男孩却表现出极端的破坏性，他们会摔打玩具，或把玩具踩在脚下。

这是典型的因挫折而导致攻击行为的心理实验。它告诉我们，要想管好攻击性，还需正确对待挫折。男孩，你要清楚自己未来的路还很长，你的一生会遇到很多挫折，你现在所遇到的挫折比起你将来遇到的挫折，简直微不足道。面对挫折，唯有去正视它，找到挫折产生的原因并加以分析、总结，并战胜它，你才能让自己变得强大，才能不断进步。

对于人际关系中的矛盾和挫折，只要不是原则问题，都可以大事化小，小事化了。俗话说："忍一时风平浪静，退一步海阔天空。"你应该学会适度容忍、宽以待人，这样既能培养自己的心理承受力，又能避免产生攻击行为对他人造成伤害。

3.通过课余活动化解负能量

一味地容忍，一味地把负面情绪压抑在内心深处，既不利于身心健康，也不利于负能量的消除。因为当负面情绪累积到某个临界点时，所引发的负面效应将是毁灭性的。因此，男孩应该学会转移自己的注意力，通过丰富的课余活动化解内心的负能量。比如，踢足球、打篮球、唱歌、跑步等活动，都是释放和化解内心负能量的有效手段。当你与他人发生矛盾，内心郁闷甚至愤怒时，不妨到操场上奔跑，到篮球场上挥汗如雨，让那些负面情绪随着汗水排出体外。然后回家冲一个澡，再睡一觉，一切烦恼都会烟消云散，第二天起来，继续微笑着面对生活。

与别人发生冲突了怎么办

我们先来看一个案例：

2017年9月28日下午，河南省商丘市某中学附近的网吧里发生了一场"血战"。该校3名男生被另一学校的5名男生堵截追砍，结果造成两人被砍伤。记者从警方了解到，参与冲突的几名学生都被抓获，砍人的学生以涉嫌故意伤害罪被依法刑事拘留。

据警方透露，这起冲突事件的起因是一次小摩擦。当天，在学校附近的一家网吧里，两名男生发生口角后，一方踹了对方一脚，后被众人及时制止。临走时，被踹的学生说："你等着，一定要给你点儿颜色看看！"随后那名男生回校叫了4名同学，他们手里分别拿着棍子和刀冲进了网吧，对那名踹了自己的男生和随同的另外两名男孩一顿猛烈攻击……

在这个案例中，面对冲突时，双方都带着情绪、带着火气去报复对方，而不懂得如何化解冲突，维护和谐的人际关系。这一方面与青少年身心发展的特点有关，特别是处在青春期的孩子，其内心极度敏感，情绪张力太大，很容易发生情绪失控、行为失常的冲动行为，甚至做出令自己和他人后悔的事情。

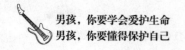
另一方面，与男孩没有从家庭教育中得到关于如何正确处理人际冲突的方法有关。当男孩与他人发生冲突后，家长无意识中教给了孩子错误的处理方法，比如，别人打你，你就打回去。殊不知，如果孩子经常通过打架的方式解决冲突，很容易将他塑造成一个有暴力倾向的人。如果孩子经常打输，则会加剧他的弱者心态，甚至导致他成为懦夫。

其实，男孩之间磕磕碰碰、吵吵闹闹是再正常不过的事情。尤其是随着年龄的增长，到了青春期，男孩的自尊心、虚荣心特别强，很容易与人发生口角、摩擦甚至大的冲突。那么，男孩，当你与别人发生了冲突之后该怎么办呢？我们不妨先看一个真实的案例，看看别人是怎么处理冲突的。

中学生小凡中午在食堂打饭时，看见一个陌生同学插到自己队伍的最前面，当时他忍不住大声对那个同学说："你怎么可以插队呢？请自觉排队！"

"我没有插队啊，我没饭卡，就想问问可不可以用钱来买饭菜！请注意你的说话态度好吗？"那名同学很委屈地说。

"可以用钱买饭菜，快到后面排队吧！别吵了！"队伍后面的同学提醒道。

下午上课的时候，老师带了一名新同学走进教室，小凡一看，居然是中午那名"插队"的男生。在那名同学介绍完自己后，小凡主动站起来说："很高兴和你成为同班同学，今天中午误会你了，对不起啊！"

新同学见小凡态度友好，笑着说道："没事的！以后还请多关照啊！"

男孩之间发生了冲突，完全可以像这个案例中的小凡一样，以友好的姿态主动道歉，化敌为友。而作为冲突的另一方，在对方道歉之后，也应该绅士地握手言和，而不是得理不饶人。这种友好、包容的姿态，才是处理冲突的最佳策略，完全不必像有些父母教育孩子那样："别人欺负你，你就要打回去！"或者像有些父母教育孩子的那样："多一事不如少一事，忍一忍就过去了。"

下面，我们就来看看在发生冲突后，具体该怎么化解冲突：

1.先找出冲突的原因

男孩，你与别人发生冲突时，不妨冷静地想一想，发生冲突的原因是什么。如果你找不到原因，不妨找"旁观者"帮自己分析一下，因为旁观者往往能够客观地分析问题，便于不偏不倚地找出原因。如果起因在于自己，那么就要及时向对方道歉，请求对方原谅自己。如果错在对方，也要找到恰当的时机与对方沟通，并表达出不计较的友好态度。切记，任何情况下，都不要冲动地用武力解决问题。因为武力解决不了问题，只会使问题恶化，使冲突愈演愈烈。

2.尽量自己解决问题

当你和别人发生冲突时，最好不要轻易找父母或老师出面干涉，而是先要自己想办法解决。如果冲突实在无法化解，你再把事情告诉父母或老师，请他们帮忙出谋划策，给你一些指导和建议。你再参考他们的指导和建议去化解冲突，这样有利于锻炼你独立处理问题的能力，提升你与人沟通、交际的能力。

3.请父母或老师帮忙

如果你和别人所发生的冲突很严重，你尝试了父母提出的一些解决办法也不管用，并且这个冲突深深困扰着你。那么，你可以请父母或老师帮忙，把事情的原委告诉他们，让他们作为中间人，来调解你们的关系。相信只要双方父母态度友好，只要老师公正客观地出面协调，再大的冲突也很容易得到化解。

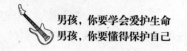
和父母发生冲突，千万不要离家出走

不知从何时起，青少年离家出走已经不是什么新鲜事了。在与父母闹矛盾后，他们试图以离家出走的方式宣泄内心的不满，更是为了向父母表达反抗或吓唬父母，只是这种冲动行为太伤父母的心了。

2015年2月1日晚，在山东省东营市的市政广场附近，一位十多岁、背着书包、推着自行车的男孩在那里徘徊。市政特警支队的流动值班民警当即上前询问情况，男孩说他只是路过，于是民警没有多问什么。

到了凌晨1点，这个男孩还在附近徘徊，而且冻得瑟瑟发抖，民警赶紧把他带进警务室，并给他倒了一杯开水，还给他一些吃的，耐心地跟他聊天。面对民警的询问，男孩一开始沉默不语，只是不停地哭。经过民警一番耐心劝导，男孩的情绪有所缓和，才把自己的遭遇说了出来。

原来，男孩名叫小天，今年13岁，1月30日和父母闹了矛盾，被父母训斥了几句，便生气地骑自行车离家出走。他出走时带了一些零花钱，饿了就买东西吃，困了就睡在绿化带或墙角。后来钱花完了，没钱买吃的，他也不知道去哪里，只好在广场上徘徊。

民警根据小天提供的联系方式，与他的父亲取得了联系。拨通电话后，那边传来了焦急的声音，很快他的父亲就来到了警务室。

小天父亲说，他平时忙于工作，对孩子疏于管教。1月30日下午，见孩子把家里弄得乱七八糟，就批评了几句，没想到孩子骑上自行车就走了。一开始他以为孩子只是去同学家玩，并没有在意。

到了第二天，父亲见孩子还没回家，就打电话给孩子的同学。同学都说没见到小天，这时父亲才慌了神，赶紧到辖区派出所报警，并在附近的网吧、旅馆寻找，直到接到民警的电话，他那颗悬着的心才放下来。

男孩，父母含辛茹苦地养育你，你却受不了父母的几句批评教育，以离家出走的方式来和父母对抗，你知道父母有多伤心、多着急吗？你知道离家出走会给你的人身安全带来多大的隐患吗？我们经常在新闻报道上看到青少年离家出走遇到坏人，被骗、被拐、被抢甚至遇害，从此和父母阴阳两隔的例子。想想这些可怕的后果，想想悲痛欲绝的父母，你还忍心离家出走吗？

我们知道，青春期的孩子内心非常敏感，加上没有与父母进行有效的交流，在被父母批评或与父母闹矛盾之后，内心的压抑情绪得不到宣泄。但这并不能成为你离家出走的理由，你也不能把离家出走当成威胁、吓唬父母的手段。因为一旦你离家出走并不幸发生了意外，那留下的将是无尽的悔恨。因此，相比于你的人身安全，你与父母之间的那点小矛盾真的不算什么。

男孩，随着你慢慢长大，你的思想、观念等也在不断变化和成熟。因为年龄、阅历、立场等的不同，在很多问题上，你和父母之间难免会出现分歧。但我们希望你无论是据理力争，还是激烈地辩论、争吵，都永远不要用离家出走的极端方式来释放自己的情绪。要知道，当你离开了家和父母的庇护时，或许有很多邪恶的眼睛在暗处盯着你们这些离群的"羔羊"。

如果你认同以上的观点，那么下次和父母发生冲突时，不妨参考以下几条方法来处理：

1.情绪稳定、态度平和地摆明各自的观点

男孩，当你与父母出现意见分歧时，希望你尽可能心平气和地说出自己的想法，摆事实、讲道理。相信父母都是讲道理的人，看到你摆事实、讲道理，他们也会控制自己的情绪，不用家长权威来压制你。有了这种沟通的态度，你们才有可能进行心与心的交流。

2.无论吵架吵得多激烈，都坚决不要离家出走

男孩，如果说，你和父母最终还是忍不住大吵了一架，那也没什么大不

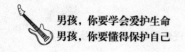
了的。只是你要记住，无论吵架吵得多么激烈，你也不要离家出走。你可以关上自己房间的门，让自己冷静下来，也可以短时间内不再理睬父母，以示抗议，还可以和同学打电话，倾诉一下内心的苦闷。这都没什么关系，但坚决不要离家出走。如果你实在想出去走一走，你可以去亲戚家或同学家住几天，但要明确告诉父母你的具体去向以及回家的时间，让爸爸妈妈了解你的行踪，从而保证你的出行安全。

3.亲子间没有隔夜仇，换种方式发泄不满

男孩，除了离家出走，其实还有很多其他的方法来使自己的情绪稳定下来，舒缓自己的郁闷。比如，做一些自己感兴趣的事情，看一会儿书，这些都是很好的排解烦闷的好方法。这与离家出走相比，不但安全，还很有意义。

男孩，你要永远记住：你和父母之间血浓于水，你们之间没有隔夜仇，日常生活的小矛盾不会影响你们的关系和你们的感情。所以，千万不要被愤怒冲昏了头脑，更不要抱着让父母后悔的想法而做出令自己终生遗憾的事情。

男孩，你一生平安是父母最大的心愿

男孩，在你还未出生的时候，父母曾对你的未来有过很多憧憬，希望你将来学业出色，成为一个有文化、有素质的优秀人才，希望你将来事业有成，能在工作中成为有担当、有影响力的精英，希望你生活快乐，工作顺利，婚姻幸福……但这一切憧憬，在父母用双手捧起你小小的身躯时，都化为一份虔诚的祈祷：孩子，父母最大的心愿是你一生都能平平安安。

男孩，你可知道人的生命是很脆弱的，就像天空的小鸟，有可能在你抬头的那一瞬间，就消失得无影无踪。因此，你要珍爱自己的生命，把人身安全放在第一位。只有时时刻刻想着安全的人，才能真正地享受生命的精彩。

有调查显示，意外伤害是青少年死亡的第一大原因。当一件又一件意外伤害事件出现在新闻里、出现在网络上时，恐怕每个为人父母者都会发自内心地感慨：孩子，你一生平安是我们最大的心愿。

2018年12月29日，黑龙江木兰县发生了这样一件事：

一名14岁男孩因为对家里的绞肉机感到好奇，就去研究摆弄。在研究的过程中，他的左手不慎卷入了绞肉机，结果手指严重受伤，鲜血直流。幸亏这名男孩有一些自我保护常识，他迅速冷静下来，找来手机充电线把左手的手腕紧紧捆扎起来，有效地止住了流血。然后他给妈妈打电话，在妈妈的陪同下紧急前往附近的医院治疗，最后保住了左手。

2017年1月12日，同样的事情发生在另一名6岁男孩身上，他就没那么幸运了。男孩的父母在菜市场卖肉，男孩对绞肉机很好奇。趁大人不注意，他把右手塞进绞肉机，并用左手按了一下电源。等到父母听到孩子痛苦的尖叫声时，才发现孩子的整个右手都绞进了绞肉机……令人心痛的是，发现时，男孩整个右手已经被绞碎，血肉模糊。医生表示，孩子手掌的功能严重损毁，没有修复的可能。也就是说，他的右手将面临残疾。

"安全重于泰山"，孩子的安全是父母最为牵挂、最为在意的事情。孩子能够一生平安，也是父母最大的心愿和最大的安慰。经常听到有些父母念叨：我不那么在乎孩子将来考不上大学，也不担心孩子将来找不到好工作，只要孩子一生平安，就是我们最高兴的事情，也是我们做父母最大的幸福。

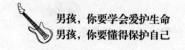

所以，男孩你要记住：任何时候，都要把自己的安全放在第一位，保护好自己才是对父母爱的最好回报。

1.要有强烈的安全意识，不要逞能、莽撞

男孩，所谓安全意识，就是在你的头脑中建立起来的安全观念，即对各种可能对自己或他人造成伤害的行为保持一种戒备和警觉的心理状态。比如，过马路的时候不要闯红灯，不能在马路上嬉戏打闹；在河边玩时，不要随便下水游泳，即使水的深度你能应对，也不能在水中和同伴打闹；不要为了逞能，为了表现自己比别人更勇敢而攀爬围栏、树木；不要玩火、玩刀或随便拆装、鼓捣有危险的电器，如绞肉机、粉碎机、电风扇等；不要轻信陌生人，更不能随便跟陌生人走；有人敲门，先问清对方是谁，或从猫眼里往外探个究竟；不要一个人走夜路……男孩，这些都需要你有强烈的安全意识。有了安全意识，你才会对可能存在危险的行为保持警觉，才能避免鲁莽行为而带来的危险。

2.正确对待批评和失败，不要自我否定

男孩，在你的生活和学习中难免会遇到一些批评，比如，课堂上表现不好，被老师批评；和同学闹矛盾，被同学们评价为"不好相处"的人。还会遇到一些困难，比如，升学考试发挥失常，学业之路受阻。遇到这些情况时，千万别想不开，认为自己这不行、那不行，做出自残、自虐的傻事，更不能产生轻生念头。要知道，生活不可能一帆风顺，人生在世，难免有被人批评、否定的时候，难免会有输赢、成败，无论如何，你也不能自我否定，不能对自己失去信心，而要学会乐观地生活。

男孩，当你被批评、被否定时，当你遭遇失败时，你的心情很可能沮丧、压抑，这个时候千万别眉头紧锁，房门紧闭，试着打开心灵的窗户，去和父母沟通，走到外面去放松身心。当你主动和父母诉说心事，并得到父母的安慰和引导时，你就会发现父母永远是你坚强的后盾。当你放眼看世界时，你就会发现自己遭遇的不如意根本算不了什么。

3.成绩固然重要，但是父母更爱你

有些男孩成绩不好，看到父母失望的眼神，或见父母批评自己，就觉得父母不爱自己，然后感到非常沮丧，甚至产生自闭、轻生的念头。这种想法是非常错误的，要知道，父母对你学习上的要求只是为了让你更优秀，就算批评你，也不代表不爱你。相反，"爱之深，责之切"，父母严厉在本质上都是因为爱你。你要记住一点：学习成绩固然重要，但父母更爱的是你，这一点是不会改变的。因此，你要平平安安的，这是对父母养育之恩的最大回报。